后荒野世界的植物种植
——为韧性景观设计植物群落

后荒野世界的植物种植
——为韧性景观设计植物群落

[美]托马斯·雷纳　克劳迪娅·韦斯特　著

余　洋　胡尚春　译

中国建筑工业出版社

目录

对页　白色木紫菀在狭羽金星蕨之下蔓延生长，茂密的枝叶覆满整个地面。

序

托马斯·雷纳（Thomas Rainer）

6

在二年级之前的那个暑期，我和家人移居到了亚拉巴马州伯明翰市（Birmingham，Alabama）。我们在城郊新的开发区买了一栋房子。我们住进去的那个夏天，沿街有六栋房子和许多空旷的林地。但仅仅几年时间，那些林地就消失了。整条街被新建的房屋、新移居的家庭和这些家庭的孩子们占据着。原有的林地已经无从探索，因此我开始注意紧邻着后院的大片森林。那是属于钢铁公司的土地，但由于他们对于这片土地疏于管理和照料，整个周末和暑假时光，我都和邻居家调皮的孩子一起在这片林子里追逐嬉闹。山麓上的森林向各个方向延伸了数平方英里，并与更大面积、未经开发的土地连接起来。那时我们花费一整天时间建造小屋和堡垒，躲避我们的敌人（大多时候是我们的妹妹），四处找寻圆叶葡萄（muscadines）和黑莓（dewberries）的踪迹，并探索那看似永无尽头的荒野的外部边界。

我对于野生植物最早的记忆是它们所创造的丰富空间。茂密而错综复杂的白莓（sparkleberry）林使我们不得不像兔子一样穿梭在它留下的狭窄道路上；那棵巨大的南方红橡（southern red oak）则是我们碰头的地方；而最有神圣感的地方可能是那一片山毛榉（beeches）树林，其林冠在一条较宽的溪流上形成一个圆顶，溪流就从两侧山脊中间流过。我们会悄悄进入那一片凹地中，并为那阳光透过光亮的苦艾叶而产生的美妙光景所着迷。

直到我上了高中，开发商购下了那里的大部分土地。山脊上的森林被炸毁，而土石方被推进了山谷。我们曾捕捉鳌虾（crawdads）的溪流则被迫流入停车场下方的管道中。曾经那个由各种林地植物镶嵌起来的植物群落，现在变成了正在建设的房屋和多家大型零售商店。

这样的故事并不少见。在世界的每个角落、每天都有一亩又一亩的自然荒野正在消失。对我来说，失去记忆中儿时唯一自然乐园这件事将跟随我一生。这一现实已扎根在我心里：我们曾经的自然天地成了被不断蔓延

对页　晚冬中的阿巴拉契亚山脉（Appalachian）森林。

的人造景观所围绕的孤岛。而这一切已成定局，再也回不去了。但是我们现在面临的任务不是悼念失去的荒野，而是睁开眼睛认真审视周边的环境：我们的院子、道路、停车场、商场、林地、公园，以及整个城市。

克劳迪娅·韦斯特（Claudia West）

　　1980 年的民主德国是一个被污染的灰色世界。我童年时的那条河流呈现的颜色由周边纺织厂每周更换的燃料颜色决定。我清晰地记得，整个自然景观被全部抹去，仅仅是为了得到浅层的煤矿以维持脆弱的经济，同时用来赔偿第二次世界大战造成的损失。我的家乡周围布满着铀矿，甚至导致在某些年份中（包括切尔诺贝利事件发生的那一年），蘑菇的个头会是正常大小的两倍。民主德国主要依靠高强度的农业生产。人们对于与杂草、害虫之间的化学战争已经习以为常，以至于没有人会在重型黄色喷雾飞机将杀虫剂撒入田地和花园中之前，特意把晾在外面的衣服收进屋内。郊野的区域通常被用作军事训练基地，大自然已经被迫退化成杂草丛生的植被和我们小得可怜却又种植紧密的自给自足小花园（Schrebergärten）。

　　这一切在 1989~1990 年伴随着柏林墙的倒塌而发生了改变。我们终于认识到了大自然固有的韧性力量。造访民主德国的工业是一次改变人生的经历，在曾经剧毒的溪流中，我们抓到了无害且能够食用的鳟鱼。来自世界各地的

野生植物茂盛地生长在曾经被重工业烧焦的地面上。在德国柏林的祖德格兰特自然公园（Südgelände），我们体会到了在欧洲大都市充满生机的城市中心永不匮竭的自然资源。

植物那不可抗拒的特
质：混合播种下的香豌
豆（*Lathyrus odoratus*）和
羊茅在科罗拉多州伯德市
（Boulder, Colorado）的
一个停车场中绽放色彩。

游客涌入了德国中部的新景观，那是一处有着清澈见底的湖泊、绿树成荫的
森林，遍布着度假酒店和豪华游艇的地方。谁能想到这匹欧洲之狼最终还是
回归了欧洲中心区的新荒野？自然向来是顽强、持久而有活力的，随时保持
着迅速恢复的能力。当我回想起儿时生活的最后几年时，我才意识到这也许
是自然带给我最具智慧的一课。景观被强大且持续的自然力量驱动，即使曾
被扰乱也能够很快恢复。而如果我们人类能够引导并参与这一进程，恢复和
演替的过程将会非常迅速。即使是最令人沮丧的月球表面都可能是一些植物
专家的伊甸园。别告诉我你不能为一个极具挑战性的地块找到合适的植物种
类来种植，植物能在月球上生长。这我可是亲眼见过的！

······

我们写这本书其实代表着两个不同的大陆和两种不同的自然体验。从
北美的视角来看，关于荒野的记忆尚存；对于欧洲来说，已经全然浸润在
人造景观当中。托马斯的故事在于丧失自然，而克劳迪娅的故事在于重获

在作者托马斯·雷纳的花园中，细茎针茅（*Nassella tenuissima*）、"沃克"荆芥（*Nepeta × faassenii 'Walker's Low'*）、'卡拉多那'林地鼠尾草（*Salvia nemorosa 'Caradonna'*）和一些葱属植物一起混合生长着。

自然。这种混合式视角完美地展示了自然所处的一种张力状态：自然在荒野中仍在不断消失，但又在城区与城郊中不断扩展其潜能。虽然自然的生境可能在不断缩减，但自然本身仍然存在着。就如同游动在雨水滞留池中的短吻鳄；如同生长在小巷中的泡桐树（Paulownia）；如同重新出现在被轰炸过的土地上的濒危漆树；如同生长在摩天大楼顶部的草地。

我们已被困在如今的环境挑战之中，但我们仍然着迷于人类景观中植物的无限潜力。并且，我们相信设计的力量。这本书是对行动的积极倡导，是对致力于新自然理念的宣言，这种自然是荒野与人工栽植的融合体。它能在我们的城市与郊区繁荣发展，但这需要我们所有人的努力。我们要摒弃自然与我们分离的思想，去面对现实，自然的未来需要我们去设计和管理。

这场浩大战争的前线不在亚马孙雨林或阿拉斯加的荒野，而是我们的后院、道路绿化带、停车场和小学校园。而未来，"生态战士们"也将不仅限于科学家和工程师，也会包括园丁、园艺学家、土地管理者、景观设计师、交通部门的职员、小学教师和社区协会成员。此书献给能够影响一小片土地的所有人。

曾经覆盖北美大陆的荒野空间如今仅仅是碎片化地存在着，例如伊利诺伊州利斯尔市（Lisle, Illinois）莫顿树木园（Morton Arboretum）中人工管理的稀树草原。

第一章

导言：自然原有的样子，自然能成为的样子

设想一下，第一批欧洲殖民者抵达美洲的海岸是什么样的场景。当他们目睹广阔而壮观的绿色大陆，他们的脑海中一定充满着对于全新世界的幻想。据说，在他们眼前的是一个充斥着无尽的多样性、拥有着丰富而灿烂生命的地方。与之相比，即使是我们最珍爱的国家公园都逊色不少。上百种鸟类沿着海岸自在飞翔，成千上万种植物遍布于茂密的森林，数不尽的牡蛎和蛤蜊塞满了江河湖口。植物研究记录和早年的日记只能为我们提供对那片富饶土地的仓促一瞥。

在沿海平原的另一边，一些9层楼高的栗树（chestnut trees）几乎占了皮德蒙特高原植被的一半。这些大树将果实洒向地面，维持着黑熊、鹿、火鸡和其他动物的生存。在栗树下，茂密的蕨类植物（ferns），成片的凤仙花（ladies' slippers）和兰花（orchids），点缀着鳟鱼百合（trout lily）和如今已稀有到只存在于标本中的白头翁花（false rue anemone），各种丰富的植物

野葛（Kudzu）与英国女贞（English privet）侵占了残存下来的20世纪初的谷仓。现在，已经很少有未被外来物种入侵的自然区域了。

满满覆盖着大地。对于当地植物而言，这个地方无疑是个天堂，但对于早期的殖民者来说，这是一片需要智慧与毅力才能征服的土地。

现如今我们已经征服了这片景观。我们祖先时代那最初的荒原已经完全消失了。与过去丰富的多样性相比，现代的画面就如同一个悲剧。通过高超的工程技术，我们已经抽干了无数的沼泽地，将辽阔的美国大草原变成了种满玉米和大豆的方格网，在德拉瓦族人的湿地之上建起了曼哈顿。往昔的光彩景象如今只剩下对过去繁荣的苍白写照，以零散的碎片孤立地存在着。

从这个角度来看，最近对于乡土植物的恢复举措充满着讽刺意味。在它们逐步衰减并即将消失在旷野之中的时候，对乡土植物优点迟到的探索终于开始。环保主义者在自然保护区和公园中找到了最后的希望，但这些地区的范围也在不断缩小，因为入侵物种和气候的变化，即使是最偏远地域的生态系统也发生着转变。将景观倒退回 1600 年前的样子是不可能的，我们已经没有回头路可走了。

当然，也有很多经过修复回归到所谓的原始状态的成功案例，但这些成功必须结合具体环境进行理解。

移走入侵物种需要耗费数年的人力或大量的除草剂。而一旦入侵物种被清除，原场地一定要被乡土植物覆盖以确保入侵物种无法卷土重来。但即使这样，入侵物种也很难被彻底清除。所以我们需要对场地进行不断的除草和反复的栽种，这种过程被科学家彼得·德尔特雷迪奇（Peter Del Tredici）形容为"看起来糟糕得像园艺活动"。对比物种入侵和环境变化来说，这种恢复就像建造小小的砂砾城堡一样显得微不足道。自始至终，遥远的地平线上正酝酿着一场风暴。

对于自然的爱好者来说，这样的损失是所有人共同的伤口。它燃起了人们对于过去的怀旧情结，也激起了人们将一切恢复原状的信念。这种破坏展现了丑陋的现实影响，由此激发了一种关于使用本土或引进植物的道德主义争议。更可怕的是，这使得意识形态脱离了地方主义，将植物原产地的关注提升到超出植物本身特性的高度。然而，这种感情的缺失其实能够得到有效的利用。

这种悼念之情使得我们无比盼望邂逅一个自然的世界。我们渴望在一望无际的草地中央感受到自己的渺小；渴望目睹飞蛾破茧而出的奇迹景象；也渴望在清晨的山毛榉林里，沉浸于从树叶间隙渗透下来的斑驳光影之中。我们的祖先将这些体验视为日常生活的一部分，而我们的孩子只能通过视频网站接触它们。自然景观能够占据我们的感官，用惊奇的现象充斥着我们的头脑，我们渴望这种与景观之间实实在在的联系。

一种新的乐观主义：种植设计的未来

一种全新的思考方式正在慢慢浮现。我们不该在遥远的山顶寻找自然，而应该在我们的城市和城郊寻找自然的踪影。让我们用疲倦的双眼审视这些生态退化的人造景观，看看这些散落在城市中如同海上群岛一般的废弃土地、郊区庭院、公共设施、停车场、道路绿化和市政下水管道，但不要把它们视为无用的残留地，请将它们视为具有巨大潜力的区域。我们每天都要经过这些地方，正是司空见惯使得它们与众不同。它们已经镶嵌于我们的日常生活当中，形成了最常在城市所见到的自然印象。法国的景观设计师吉尔·克莱门特（Gilles Clément）将这些碎片化的绿地称为"第三景观"，即依旧存在自然进程的人为干扰土地的集合。

对于设计师来说，自然的缺失是一个起点。这使我们带着全新的眼光去理解我们的城市，用一种如同 X 光的视线，剖开层层水泥和沥青，去审视自然与人类、园艺与生态、植物根系与电脑芯片的混合体。我们终于有机会去想象生长在摩天大楼屋顶的草坪、被连绵森林覆盖的高架道路，以及可净化饮用水的大面积人工湿地。但是，未来不是由这样的假想驱动的，即真正的自然只能完全与人类活动隔绝。反之，未来将始于一种信念，即所有的自然主义实际上是人文主义。只有当我们从过去玫瑰色的理想主义中清醒过来，才能真正拥抱具有巨大潜力的未来。

实现那样的未来需要严谨的工作、严谨的工程，以及严谨的科学方法。然而我们的植物种植却不必如此一丝不苟。在气候变化和物种入侵的时代，唯一确定的就是未来有更多不确定因素。高维护的草坪以及办公楼前和郊区庭院中，修剪的灌木丛会在一次次大范围的自然灾害或水资源短缺后显得格格不入。由于我们没有绝对的控制权，植物种植未来将会变得更加充满乐趣甚至更加异想天开。面对具有更高稳定性的景观，植物种植不再是严肃而庄重的，它完全可以被松绑，甚至变得琐碎而随意。未来的不确定性对我们来说是一个极好的礼物：我们可以将植物种植从各种试图控制它的力量中解放出来，例如房地产业、"好品位"、设计者的自我、生态理念传播者，以及园艺产业。这使得我们可以无所顾虑地去选择冒险、大胆行动，以及接受失败。毕竟没有哪一种植物种植能够永久保持其原先的设计，设计的主要目的不是稳定地保持原样，而是引人入胜。

那么究竟什么才是植物种植的未来？收回目光看看你前门外的院落，

一片北美桃儿七（*Podo-phyllum peltatum*）生长在蓬勃生长的橡树下，向我们展示了植物适应场地环境的方式。

一片葱郁的杂草生长在狭窄的人行道的种植带上。有超过 20 种植物在这狭小的空间里繁盛生长，多数为外来物种。

找找邻里之间丛生的杂草，关注一下各种各样的物种，以及它们如何交错丛生形成大地厚实的地毯。当然还有更好的选择，在附近纯自然的区域骑骑自行车，仔细观察植物在草甸或者森林的边界是如何生长的，观察那些土壤裸露的地方，以及不同的植物是如何适应它们的生存环境的。接着再返回你的住所周边，将野生植物群落与种植在花床或景观中的植物作比较，你会发现植物在荒野中的生长方式与它们在花园中的生长方式是有差别的，而理解这种差别正是转变你的种植方式的关键。

好消息是我们完全可能通过精心设计，使得人工植物群落在外形和功能上更贴近自然群落；更健康、更多样，并且在低维护的同时有着更多的视觉和谐感。这一问题的解决，依赖于将植物种植理解成能互相兼容的植物组成的植物群落，而且这些植物能形成互相关联的不同层次来覆盖地面。

在自然与我们的花园之间的裂缝上建立联系

植物在荒野中的生长方式与在我们花园中的生长方式是有明显差别的。在自然环境中，即使在不适于生存的环境中，植物也可以茂密生长；而花园中的植物总是缺乏它们在荒野中生存的同类那样的活力，即使我们用了肥沃的土壤和充足的水去培育。在自然中，丰富的植物覆盖着地面，而在太多的花园中，植物被分开种植，并用厚实的覆盖物来防止杂草的生长。

17

18

对页　重复出现的桂皮紫萁（*Osmundastrum cinnamomeum*）为林地中的蔓越橘提供了结构和养分的支持。在下方，沼泽美须兰（*Calopogon pulchellus*）、越桔属植物（*Vaccinium sp.*）和莎草（sedges）混合生长在一起。

在自然中，源于对生长环境的适应性，植物有一种秩序性和视觉和谐性；而我们的花园常常是不同生境条件植物的生硬组合，唯一的依据就是我们的个人喜好。

长期以来，种植设计将植物视为单一的个体并将它们放置在花园中仅供装饰，毫无联系的植物被刻意种植在一起，使它们看起来是联系紧密且美丽的。为了帮助设计者和园丁完成这项困难的任务，有无数关于植物组合、多年生花境，以及色彩和谐的书籍。虽然有着极多花园书籍带给我们无数的窍门和信息，但却极少对植物组团共同生长的动态过程有着真正理解。

不出所料，这种将植物作为个体进行考虑的方法同时也要求极高的维护。因为每种植物都有不同的需求：一些需要松软的土壤，一些需要浇灌更多的水，而有的也许需要土壤添加剂。事实上，这种定义着园艺播种、灌溉、施肥和覆土的行为，全都意味着花园中植物的存活全凭园丁的工作。 20 园丁通常会因一些植物蔓延到预期位置之外时而感到挫败，同时也会因为其他植物努力生长以求生存之地而感到惊讶。许多人进而相信园艺的成功在于一次奇迹般的触碰，拥有绿手指（园艺天赋），或者其他只有少数人具有的神秘洞察力。

另一个难题是在进行种植设计时，世界各地的植物都可供选择。可供挑选的植物种类常常数量众多，它虽然提供了无数的选择，却在构建稳定和谐的植物群落方面很欠缺。

来自于自然生成植物群落的启发

那么我们该如何转变这种定式，如何设计出令人满意的植物组合，使其在形态和功能上与它们自然的进化方式相协同？当然是要通过洞察和接纳自然植物群落的智慧。

野生植物群落与我们的花园是有差异的。它们能够很好地适应生存环境，有着丰富的层次和强烈的和谐感和场所感。对于设计师来说，这些品质都是极其宝贵的。但要实现它们，我们必须合理安排植物，使植物和植物之间、植物和场地之间互相作用，同时需要理解植物在其群落中所扮演的多样角色。一些植物以大种群的形式覆盖着地表，一些则以单株的形式存在。一些植物吸收着大量的营养，另一些植物则能将氮素添加入土壤。经过多年的竞争与自然选择，植物为了更好地利用有限的光照、水分和营养，通过分工在群落中扮演了不同的角色。这些群落都是功能性的苦力，它们与传统植物配置所构建的群落相比，提供了远远超出传统种植的生态服务价值。最终形成一个丰富的植物物种镶嵌组合，从而完美地适应一块特定的场地。带着一种对超自然的崇敬去看待荒野植物是很正常的，即使是生态学家也承认，我们对于植物群落中植物间的相互作用知之甚少。但是我们对于这些动态变化的好奇，使得我们不能对它们提供的教导视而不见。通过理解自然植物群落，我们可以从中获得一些可以帮助设计师更好地选择、布置和管理园艺植物的原则。

本书是关于设计韧性植物群落的一个指南。我们想要阐明那些在人口密集、生长环境艰难的地方自然形成的植物群落的发展过程，使其可以为我们设计出适应每一个植物种的自然发展趋势的植物组团提供灵感，这种自然的发展趋势（不断进化的竞争策略）使植物相互合作而不是相互抗衡。在这里，你能找到为一个场地选择合适植物的方法，或将一个植物组团进行垂直分层，又或是将自然的植物组合方式转化成具有视觉吸引力的植物组团。对于那些希望通过实际有效的方法，以更少的投入获得更繁茂植物的人来说，本书为同时满足人类需求和维持生物群落提供了简单实用的方法。

设计植物群落不仅能够将自然与我们的景观联系在一起，还能将生态种植与传统园艺结合起来。在过去的十年中，乡土种植和生态种植的拥护者与传统园艺的拥护者之间产生了分歧。尤其是关于乡土与外来植物的争论使园丁们两极化。这使一些人因为不够"生态"而被批判，也会使其他人因为关注环境而困扰。这种重要的对话和争论却总是转变为空洞的意识之争。最糟糕的是，争论的焦点主要集中于用什么去种植，而对于如何去种植这一更重要的问题却从来没有被园丁和设计师关注过。

设计人工植物群落（designed plant communities）的想法能够提供一个折中的方式。它为倡导乡土植物的关键问题提供了真正的解决方式，也提

卷舌菊属植物（*Symphyotrichum*）、一枝黄花属植物（*Solidago*）与山密花薄荷（*Pycnanthemum muticum*）在自然草甸群落中形成了具有生态价值的同盟。

亚当·伍德拉夫（Adam Woodruff）为伊利诺伊住宅所做的设计，充满艺术性地混合着包括松香草属（*Silphium*）、赝靛属（*Baptisia*）、紫松果菊属（*Echinacea*）与鼠尾粟属（*Sporobolus*）在内的美国乡土植物，以及外来物种分药花属（*Perovskia*）和杂交拂子茅"卡尔弗斯特"（*Calamagrostis×acutiflora 'Karl Foerster'*）。

供了更多样、更强的生态功能。分层种植意味着在小空间中也能种植更多的有益植物。然而，这同时也揭示了我们当前的困境，即如何在不同于过去历史上自然条件下的景观中创造更为"自然"的感受。 21

这一折中方式让我们以全新的视角观察两种差别甚大的植物群落。一种是乡土植物群落，例如那些在荒野中我们仅存的具有悠久历史的生态系统。上千年的竞争与进化使得这些环境具有超凡的美丽、和谐，以及秩序。另一种类型则包含着自然生长的、分布广泛的植物群落，例如常见的杂草斑块。沿着街道散步，你可能会遇到无数这样的情形：植物自发地占据了社区中没有被利用的土地缝隙以及被遗忘了的角落。即使是最严酷的城市生存环境中植物也能茂盛生长，比如道路的中央隔离带、空旷的林地、停车场的边缘、砾石铺设的铁道和被压实的草坪。

对于这两种类型的植物，我们有着两种截然不同的文化态度。我们为森林、草甸和沙漠中的乡土植物喝彩，每年花费上百万美元去研究和保护这些碎片式的荒野地块。但与此同时，我们又瞧不起出现在我们"文明"景观中的杂草。 22

我们耗费大量时间去拔草、喷洒除草剂，以及用覆盖物来防止它们扩张。无论是被钟爱或是漠视的植物群落，我们都能从中观察到相互联系的植物组合如何适应它们所处的环境。这两者都是不同种类的植物生存于不同生态位的典型。同时它们又都是极其顽强、具有韧性和自我维持能力的。 23
但并不是说它们在生态甚至美学的概念上是完全一致的。事实上，我们的文化会偏好其中一种胜过另一种，这的确是有意义且能影响设计的。

通过关注自发生成的植物群落，而不是那些纯粹的乡土群落，关注点从植物的原产地转移到了植物的外部形态和适应能力上，这一转变是相当关键的。与此同时，虽然在种植设计中我们不想仅考虑乡土植物，但这不意味着它们可以被忽略。我们坚定地认为结合乡土植物进行设计依然是重要的。事实上，它比在过去更显重要了。但是为了在严酷的环境中成功建立乡土植物群落，对于自然全新的表达和对于植物群落动态变化的更深理解是必须的。重新构想一个全新版本的自然是充满挑战的，这种自然需要在我们的人造景观中存活下来，同时还要提供能支持生命存在的必要生态系统功能。我们必须抛弃对原始荒野的浪漫主义观念，转向由我们设计和管理的全新自然。这种新自然的组成要素是具有韧性的乡土植物（当然，即使是外来物种也可以），这些植物能够很自然地适应类似于人造景观的环境。关键问题不在于那里曾经生长了何种植物，而在于未来将能生长哪些植物。

在一块城市草地里，长满了一枝黄花（goldenrod）和其他自发生成的草本花卉和禾本科植物。

与我们记忆中的自然联系起来

对于我们来说，使用人工植物群落最有说服力的理由并不是关乎生态或功能的。其实更加说服人心的一点应该是关乎美学和情感的。

我们大多数人都生活在由人类建造和管理的景观中。与野生植被的生机勃勃相比，居住庭院、办公花园和城市景观是一些不自然景观要素的拼凑，比如被过度使用的常绿植物绿篱球和大量草坪的组合。如果设计中用到了什么色彩，那一定是来自于成排植入花床的一年生植物。这些植物有一种被驯服的特质，呈现出软弱无力和空洞无物的景观。

我们所体验的自然，通常被限制在较小的公园和庭院中。在抵消建成环境的负面影响方面，它们常因为地块不够大被忽视。然而，我们仍然与自然有着紧密的联系。我们仍记得自然曾经就在我们周围，在生活中扮演着重要角色。而如今我们再也不能在星空下入睡，用手去刨开土壤，或一路认着森林中的植物摸索回家。

但是，我们中的一部分人仍旧渴望与自然的联系。仅仅是在过去的100年，人类才刚刚开始远离外部环境。这并不是由于我们失去了观察和欣赏景观的能力，而是缺乏实践，同时我们迫切需要实践。

在深层次上，当我们看到植物完美适应其所在的环境时，会使我们想起人类与植物之间悠久的伙伴关系。作为现在世界上最重要地标之一的曼

24

这张图片捕捉到了在匹兹堡会议中心屋顶的野花草甸所具有的精神。蛇鞭菊（*Liatris spicata*）、毛地黄钓钟柳（*Penstemon digitalis*）与禾本科植物混合生长在一起。

哈顿高线公园，其受欢迎程度反映了我们想在人工世界中体验荒野的强烈愿望。我们在公园中远足，骑乘山地自行车享受高山区域的荒野。那些我们所追寻的自然景观，似乎对于我们有一种情感的牵系。它们使我们呼吸变缓、精神更沉静。

关于为什么自然形态能产生如此强烈的共鸣？为什么特定的植物群落通常被认为是和谐而优美的？这些问题的答案在深层次上与进化有关。它们在颜色、质感和季相表达上的不同，愉悦着我们的双眼，并且对我们有着疗愈的功效。环境心理学家认为，我们对于特定的现代景观（如有乔木和大草坪的公园）的兴趣可能会增加，因为这些特定景观唤起了我们对几千年前曾支持和养育我们祖先的自然环境的特殊情感。对比之下，我们建造的不少空间都缺少这种意义深远的触发，从而也很难引起人们情感上的回应。我们很少在人工景观中体验到美，因此我们很少与这些场所结成一种深刻而有意义的关系。这无疑是错失良机。真正卓越的种植能让人们忆起更宏大的自然场景，如一个花园植物组团让你觉得宛若漫步草丛，或是步行穿越幽深丛林，或是步入一片林中空地。

在这里我们提出了一种方法，旨在创造一种在城区和郊区都有着良好景观效果的人工植物群落。第一章将会解释关于人工植物群落的想法，并

位于曼哈顿的屋顶草甸为纽约的摩天大楼带来了温暖的色彩，它是由乡土禾本科植物和草本花卉组成的。

俯瞰繁忙的街道，体验草原牧场的无拘无束。

且介绍它的重要原则。第二章将会关注来自大自然的灵感，为读者提供野生植物群落动态变化的基础知识。在第三章中，我们将描述设计的过程：如何理解你的场地，如何建立起植物组合并合理安排植物分层。最后，第四章将会阐述对人工植物群落的独特设计和管理要求。

我们比以往任何时候都更需要有韧性、生态功能和美学价值的种植方案。我们对于这一方法的目标不仅仅是创造功能更加强大的植物群落，而是使人们重新开始观察，开始回想。我们以一种能触发转瞬即逝情感的方式去规划植物。并不是植物本身拥有这样的力量；而是当时间维度和空间维度变化时，植物自身图案、质感、颜色等其他象征野性的特征会随之变化，这些特征把生命的体验变得栩栩如生。

低地的野花和潮湿夏日中的干草丛启发了莎拉·普赖斯（Sarah Price）和奈杰尔·邓尼特（Nigel Dunnett）为奥林匹克公园欧洲花园（Olympic Park European Garden）设计的植物群落。花园的一部分现在是伊丽莎白女王二世奥林匹克公园。

第二章

人工植物群落的设计原则

当我们对以往所珍视的植物配置理念减少一些教条化的理解时，我们
与自然的关系便从敌对变为合作。可以改造干旱并充满碎石的步行道和街
道之间的种植带（hell strip），使用堆肥并种植黄杨和玉簪。或者可以保持
原有的种植环境，将其作为一些适应干旱植物的完美家园，比如地中海薄
荷（Mediterranean mints）、低矮草甸植物（low meadow grasses）、沙漠一年生
植物（desert annuals）、景天属地被植物（spreading sedums）和葱属（alliums）
植物。这样做的挑战之一是需要深入了解一块场地，但更重要的任务是去
了解怎样让植物更为适应地生长在一起。

形成一种认识

植物群落是一个人为创造的概念，用来描述场地上的一组植物。这是
生态学上的定义，但是越来越多的设计者已经将其用来描述组合式种植。
在过去的一个世纪，随着科学家对不同植物间以及它们和外环境互相作用
的方式有了更深入的了解，植物群落这一概念有了进一步的演绎。所以将
我们的理解建立在现有的生态学原理上是很重要的，而同时也要让这个概
念对于设计而言变得更相关和实用。

这些植物群落在自然界中并不能作为独特的有机体存在，尽管许多生态
学家一度是这样认为的。20 世纪初，理论学家们趋向于将植物群落理想化成
许多种超级有机体，并且认为这些植物在群体中互利共生，就像蚁穴中的蚂
蚁和蜂巢中的蜜蜂一样。早期的概念同样认为植物群落有明显的边界，伴随
着一定的过渡区（生态交错带）在其中。但是，这和现代对于植物群落的理
解是很不相同的。现在的生态学家们更普遍认为，大多数植物群落的组成和
边界是动态变化的。这是因为每个物种对其自身在群落中的位置都有着各自
独特的反应。尽管一些生物间的互相作用确实是有益的（如真菌对植物根系
的影响），现有研究结果并不支持群落是联系紧密的超级有机体这一观点，而

对页　罗伊·迪布利克
（Roy Diblik）为芝加哥
的谢德水族馆（Shedd
Aquarium）所做的种植
设计，在该设计中密集地
种植了多年生植物。黑毛
蕊花（*Verbascum nigrum*）、
北葱（*Allium schoenopra-
sum*）、"卡拉多那"林地
鼠尾草（*Salvia nemorosa
'Caradonna'*）和柔弱薹草
（*Carex flacca*）在岩石旁
交织生长。

17

认为植物群落是由空间上重叠的种群组成的一个能共存和互相作用的体系。

植物群落是抽象的概念，常被我们用来描述植被以便于我们去研究。这些约定俗成的概念是建立在不同分类系统基础上的，并且每个分类系统所描述的都是它的不同特征。一些强调地理和气候的边界，一些强调群落中的优势植物。它们可以描述不同的范围，比如从庞大生物群落到一些特定的植物组合模式。分类系统有各自的优缺点，并且我们可以将几者联合使用。因为它们是我们自己界定的，植物群落的分类并没有绝对的对错之分。我们对"植物群落"这一术语的使用更着重在小尺度群体中，这主要是因为设计师更关注小尺度。植物群落能用一系列的系统和尺度进行分类，从大范围内生态群落的分类到对本地植物群落的具体分析。

32　在植物群落的理论框架中，植物组团仅仅是某一时刻某一地点生长在一起的一个有机体的瞬间抓拍。而在漫长的时光岁月里，植物组团的形成和分拆是很自然的现象。如今许多我们常在野外看到的生长在一起的植物，可能在冰川期或者仅仅在一个世纪前都还未生长在一起。例如，在过去的500年中，银叶五针松（white pines）、铁杉（hemlock）、栗树（chestnut）和枫树（maple）都是常见的树种组合。但假设时间倒退到冰川未覆盖美国中西部的历史时期，这些植物并不在同一片区域同时生长。此外，新的植物群落每天都还在出现。外来物种的引入导致了前所未见的植物组合的出现。这些之前从未相遇却能一起旺盛生长的植物所形成的植物组合，被称为新兴植物群落。想想在美国东部郊野上，马利筋属植物（milkweed）和欧洲冷季型草坪草一起生长的情景，而这是一幅今天看来再寻常不过的景象。

由于演变速度的不同，不同植物群落的差异较大。它们的稳定性很大程度上取决于它们所处气候环境和它们生境本身的稳定性。一些易火生态系统由于演变，从一个植被模式转变成另一个植被模式仅仅只需要几个月的时间。远北地区的植物群落只有很短的生长期，但从某种角度来看，这些群落是极其稳定的。变化的气候导致的缓慢转变和演替通常很难察觉。但是我们可以观察到植物群落在短期内的那些明显变化。

关于植物群落的优秀案例在地球上数不胜数。如今我们看到的生长在一起的植物仅仅是众多案例版本的其中一种，在野外或者人工栽培的环境36　中，如果其他无数不同植物能有机会共同栽植，那它们也会有和谐共生的可能。只有当植物的种子或者一部分根系被风或其他自然力（比如动物和人类）带到一个新的地方时，植物种群才能在那个地方繁衍下去。

事实上，我们看到植物种群在一起生长是由于偶然性和植物对环境的适应性促成的。种群的分布由环境条件的梯度决定，比如从湿到干的土壤湿度变化，或者从深谷到高山山顶的地形变化。植物种群不会在整个梯度范围内都生长得一样好。举个例子，耐湿的多年生草本的种群数量会随

对页　欧洲蕨（*Pteridium aquilinum*）的叶子在秋天变成黄金色，这个特性可以应用在季节性主题的植物群落中，而薹草属植物（*Carex*）和越桔属植物（*Vaccinium*）则作为背景来映衬欧洲蕨。

场地的干燥程度增加而逐渐缩减。一种耐阴植物的长势，越是深入森林会越加旺盛。植物往往在我们通常所说的环境梯度最适区间中生长旺盛；由于日益不利的生长条件，它们挣扎着向分布区域的末端延伸。例如，直立薹草（*Carex stricta*）、灯心草（*Juncus effusus*）和纽约斑鸠菊（*Vernonia noveboracensis*）在湿地中央的潮湿处生长繁茂，而在湿地边缘那些相对干燥的区域长势较差。

演替状态稳定的新型植物群落：美国的乡土植物西亚马利筋（*Asclepias syriaca*）能在混种着欧洲鸭茅（*Dactylis glomerata*）、梯牧草（*Phleum pratense*）、高羊茅（*Festuca arundinacea*）的草地里茂盛生长。

沿海的林地很容易着火。每一次的燃烧都会使草本层发生改变。一些植物种类因为火灾而促进了更新换代，并迅速恢复生长活力；但另一些种类则从此永远消失。

生长在岩层上的植物群落通常是稳定的。这种群落现在的状态可能与几十年前的状态几乎完全相同。

是稳定的顶级群落，还是持续的动态变化？

过去的理论描述了植物群落在不连续的演替阶段中衰老的方式，最后得到一个可预测的稳定的"顶级"群落。过去的几十年里，有一个基本的共识是，绝大多数的植物群落演替将不会达到顶点或者保持平衡，相反会因为一些干扰因素，比如死亡的植物、火灾、风力、冰川、水，甚至人类的活动，而一直持续进行着演变。当一棵树在森林中倒下，或者一个外来物种取代了一个乡土物种，或者一条路穿过荒野，演替的过程都将重新开始。变化从未停止。

植物种群密度曲线

植物对场地的反应是各异的，因为不同植物种类对环境（荫蔽、干旱或土壤贫瘠程度）的耐受程度是不同的。它们在最适宜的范围内生长最佳，越是偏离理想生境，它们的数量就会越少。

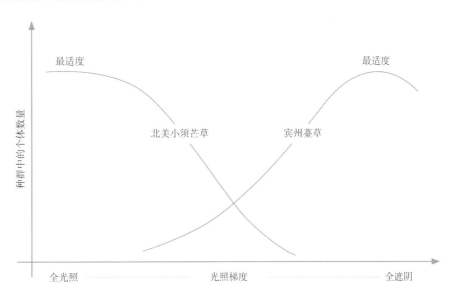

植物种类共存情况

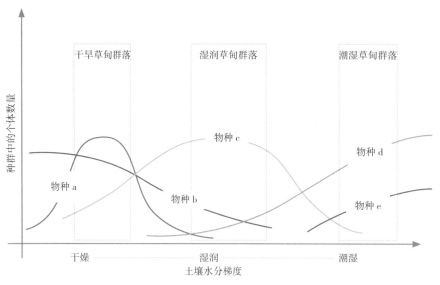

植物群落分类系统

分类系统	特征	举例
群落外貌分类系统	基于植物形态的大规模生态群落。描述世界范围内的植被	热带雨林，温带森林，针叶林
顶层优势种分类系统	用顶层的优势种来区分植物群落。描述区域常出现的植物群落	橡树 – 山胡桃混交林，红枫林
各层优势种分类系统	小范围的描述，植物群落中各层优势种的名称都被记录下来，描述特定的当地植物群落	山栎 / 矮丛蓝莓 / 干草蕨丛

根系形态

植物有着不同的根系形态，这使得它们可以从不同的土层获取水分和养分。同时，每一种根系都占据了不同的地下生态位，从而减少了种间竞争。例如，高大草本植物所拥有的深主根系并不会与草本花卉和禾本科草本的浅纤维根系直接竞争。

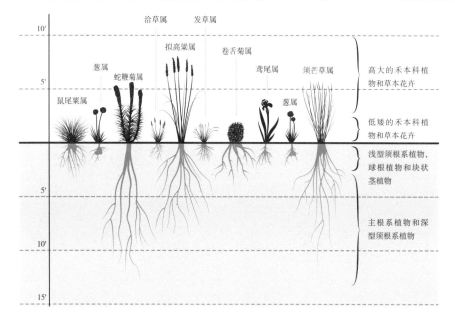

　　除了对环境的适应,植物不得不和其他物种竞争来维持生存。包括光照、水和养分在内的资源是有限的，植物为了生存和繁衍需要去争夺这些资源。只有成功竞争过生长在同一地点的其他物种，幼苗才能在那个地方生存下去。并不是任意两种植物都可以兼容共存。植物能一起共存是因为它们占据了生存环境中的不同生态位。这些特定的生态位使不同植物可以在看起来是同一个场地的地方，利用那里的有限资源。为了争夺不同空间的资源，植物产生了许多显著的变化，比如不同的根系深度、株高、耐湿程度、耐光程度，或是联合微生物来帮助它们从空气而非土壤中获得氮元素。如果多种植物占据着同一个生态位，它们就会直接互相竞争。在我们的种植实践中这种直接竞争的例子是非常多的。

纽约斑鸠菊（*Vernonia noveboracensis*）和贯叶泽兰（*Eupatorium perfoliatum*）聚集在草地较湿润的区域。

植物群落的视觉多样性

茂密或稀疏
左　植被中的植物群落可以是茂密或稀疏的。试想一下在中生甸上的，一片如同厚地毯般的草本植物。
右　相比之下，由于极端的生境条件和频繁的干扰，蜿蜒贫瘠之地上的植被相当稀疏，通常伴随着大片裸露的土地。

种类的少或多

左 植物群落的多样性程度各不相同。盐碱沼泽上只能生长很少数的植物，如普通的芦苇和草坪草。

右 相反，一个草地植物群落中，几十种植物可以在一平方米土地上共存。大多数植被模式是由重叠的种群构成的。

不同的形态表达

左 植物群落的形态表达方式较少，柔软丝兰（*Yucca filamentosa*）的尖叶便是其中的一种。

右 另一种形态表达方式通过蕨类植物的柔软叶片呈现出来。

柳枝稷（*Panicum virgatum*）这种观赏草在野外可以很容易地长到 1.8 米高，但是当它被单独种植得很密集时，它只能长到 1.2 米高，并且会出现与密集胁迫相关的叶锈病。直接竞争会导致植物生长停滞、发育不良以及较差的健康状态。

对于植物群落的现代理解揭示了植物和场地之间的复杂网络关系。虽然现代生态学尚未完全弄清植物间相互作用的所有疑难之处。但是，为了创造功能更加贴近自然的种植模式，我们并不需要等到完全理解这种相互作用。更重要的是去理解定义一个植物群落的基本要素，以及运用这些基本要素去创造一种更具韧性的种植模式。

是什么让一个人工植物群落与众不同？

人工植物群落（designed plant community）是对自然植物群落的转译，从而形成了一种文化语言。为什么植物群落需要被转译？从实际情况出发，第一个原因是现代城市与郊区的景观与过去曾经存在的生态系统已经有极大的不同。想象一下你家周围的景致，然后想象一下一千年前那儿存在的

38

景观，它们是截然不同的。城市化已经完全改变了环境条件。所以人工植物群落可以反映这些改变，我们通过使用为数不多却最具适应力的植物种类去进行配置。或是通过使用不同地域的外来植物作为乡土植物的补充，特别是当由于没有足够苗源使得全部乡土植物变得不可行的时候。

我们将植物群落转化成文化语言的第二个原因是为了增加人们对植物的喜爱和植物种植本身的内涵。这就要求我们在进行设计时，增加开花植物的种类，使我们设计的植物群落更加绚丽多姿；或者在设计中简化配色并同时强调自然模式的运用，使种植的植物群落更加有秩序感和辨识度。在一个以草原为灵感的设计中，设计者可能会将一些重点多年生植物紧密地种植在一起，从而使飘带形植物斑块更加显眼；或是在林地种植设计中，重复使用单一的下层乔木，从而能在春天的时候有着更具冲击力的视觉效果。因此，将一个植物群落的典型模式（即文化语言）放大，能帮助增加植物群落的可读性和愉悦性。

人工植物群落象征着园艺学和生态学的结合。因此，我们要将植物种植设计与生态修复区别开来。虽然人工设计的植物群落确实可以提供许多生态效应，但它们并不一定是真正的生态系统。我们对这些人工植物群落具有提供生态效应的潜能持乐观态度，但面对真正的自然时，我们仍需保持谦卑的姿态。因为自然形成的植物群落是数百万年来自然选择和演替的结果。毫无疑问，任何一个人工设计的植物群落都无法复制出真正生态系统具有的所有动态，我们仍然还有很多需要学习。因此，在没有更深入的研究之前，我们认为人工植物群落更多是园艺学而非生态学领域的概念。

在特伦瑟姆（Trentham）庄园里，飘带状的拳参（*Persicaria bistorta*）和西伯利亚鸢尾（*Iris sibirica*）镶嵌在蓝沼草（*Molinia caerule*）中，成为其草甸图案的一种典型标志。

在荷兰，丽安·波特（Lianne Pot）展览园的草原灵感来源于多年生草甸。模块化的方法再现了基调植物与伴生植物的组合。与野外的情况不同，它们并不能自行进化，只能进行人工种植和照料。

左　色彩和质感的和谐，即使是最细微的那些细节，也是在类似条件下使用乡土植物所产生的独特额外效果。

右　在谢南多厄国家公园（Shenandoah National Park），苔藓、地衣、草类和树苗共同在巨石的裂缝中生长。

左　阿巴拉契亚水龙骨（*Polypodium appalachianum*）是一个最近被发现的新物种，生长在其同名山脉的岩石斜坡上。

右　北美地区有很多乡土植物种类可供设计使用，这其中包含有很多彩色植物。比如图中的金光菊（*Rudbeckia*）和毛矾根变种（*Heuchera villosa var. villosa*），位于由莎拉·普赖斯和詹姆斯·希契莫（James Hitchmough）设计的北美奥林匹克公园。

乡土植物扮演的角色

　　植物群落种植设计与所采用的植物的来源没有必然联系。因为它可以 41
由来自世界各地的不同植物组成，也可以完全由乡土植物构成。事实上，
一个植物群落可以由纯粹的外来物种组成，并仍然参与和自然生成群落类
似的生态过程。这一观点和乡土植物运动的某一个虽然小却很有名的分支
不同，那一分支否定了所有非乡土植物的生态学价值。这个观点是错误的。
因为所有乡土植物和外来植物都具有特定的生态位，并能与它们生长的环
境和其他植物都产生相互作用。乡土植物具有先天优势这一观念是存在一
定问题的，因为它忽略了一个事实，在城镇和城市中出现了越来越多的非
乡土植物。尽管某些乡土植物确实具有一些生态效益，但外来植物对于植
物群落的形成过程中起着重要的作用。而一旦这些外来植物具有扩散、取
代甚至破坏当地乡土植物群落的能力，却会形成一个典型的反例。

　　我们的研究重点是适应特定地点的植物。我们想提升的是植物与环境
之间的关系。由于这个确切的原因，乡土植物能够而且应该可以成为高质
量植物群落发展的起点。在许多方面，以一个乡土植物群落作为参考点出发，
可以简化设计过程。

　　为了使我们设计的植物能成为一个群落，必须满足两个条件。首先，
所有选择的植物都能够在一个类似的环境条件下生存。例如，生长于沙漠
的龙舌兰属植物和生长在湿地里的鸢尾属植物，它们显然不会形成一个能
自我维持的植物群落。彼此适应的植物应该能够在相同的环境压力和干扰
机制下共同生长和繁盛。能够形成植物群落的第二个前提条件是，不同植
物的竞争策略必须互相兼容。了解这些不同的竞争机制是我们能否将选择
的植物变成一个可持续的植物群落的关键。

　　在这两种条件下，乡土植物群落有与生俱来的优势。简单地说，在野外
就生长在一起的植物，在相似的生境中更加容易共存。虽然在设计中可以用
外来植物代替乡土植物，并且这些外来植物可能会很好地适应当地环境，但
是把这些外来植物引入设计，设计师将无法预测它们在新组成的植物群落里
的发展动态，反而对设计造成了更多的困难。现存于自然界中的那些植物群
落或多或少都是经过考验的。许多这样的群落已经存在了数千年。我们设计
的植物组合方式越是不同于自然群落形式，它们就越经不起时间的考验。

　　在设计中应用乡土植物群落，也许最有说服力的一个理由，是这样能
保持场地的自然本真。植物经过漫长而有机的演变来适应环境。由此产生
的这种和谐关系，设计师几乎不可能一模一样地复制出来。想想大自然中
哪怕最微小的那些美丽：色彩鲜艳的地衣和苔藓如何与周围更偏中性色彩
的岩石和甘草形成一种色彩的平衡感；潮湿的草甸上，蕨类植物与高低错

42　落的杜鹃花属灌木在质感上形成强烈对比，演绎出一种有趣的节奏；以及禾本科草本植物的干燥种子如何从雾状花序中慢慢钻出。

　　正是所有这些美好细节的积累，传达出了一块场地的精神。当然，一个运用外来植物精心设计的植物组合，也能勾起自然对我们的呼唤，但是这几乎完全依赖于设计师的技巧。将自然组合在一起的植物作为设计的基础，可以使我们的设计工作更加容易。当地的乡土植物群落通常具有丰富的植物素材（它本身就是一份当地植物材料的完整清单），这是能帮助我们设计出一个稳定而富于韧性的植物群落的天然秘籍。

　　我们设计的植物群落，更多的是强调植物的生态表现，而不是它原产自哪个国家；我们对解决实际问题的方案更感兴趣，而不是理论上的条条框框。适应了的外来物种和当地的乡土物种的组合，可以扩大设计者的植物素材选择范围，甚至可以加强整个群落的生态功能。这让设计师能够更加灵活地将各种各样的植物组合在一起，创造出和自然植物群落相似但可能不会自然生长在一起的植物组合。

植物已进化成能与其他植物共同生长，而非独自生长。在池塘的边缘，宽叶香蒲（*Typha latifolia*）、藨草属（*Scirpus*）数种植物、薹草属（*Carex*），以及贯叶泽兰（*Eupatorium perfoliatum*）混合在一起生长。

我们的简化而实用的方法论主要集中于五个关键原则，这些原则定义 了植物群落设计的本质。

基本原则

这些原则适用于任何风格的植物种植设计。每个人对花园风格的偏好不尽相同，有人喜欢规则式，有人喜欢自然式。我们的目的不是去赞成任何一种特定的设计风格。人工植物群落可以是高度自然的，但它同时也可以是规则式或现代主义的。任何一种设计风格都能从自然的植物组合中获益颇多。重要的是，我们如何能让植物适应栽植的地点，并在一定程度上掌握它们自己未来的命运。

原则 1：相互联系的种群，而不是孤立的个体

从传统的种植理念转换到人工植物群落的理念，首先就要放弃一种想法，即如同摆放家具一样把植物作为摆放的对象。相反，我们要考虑到植物群落作为一个互相适应的群集总体，植物之间、植物与场地之间都会有相互作用。要理解这一区别，要先静下来审视一下两种不同的植物类型，一种是野生植物，另一种则是人工栽培的植物。

野生植物都是自我繁衍的。它通过向周围散布种子进行繁衍，或者通过从母株上长出新的植株。对于一株幼苗来说，长成成熟植株是十分不容易的。许多幼苗会死亡。一些幼苗死亡是因为生长更快的植物会挡住阳光；另一些则是因为没有争夺到足够的水分或营养物质。植物想要存活必须找到只属于它们自己的栖息空间。面对死亡的胁迫，它们一直在调整适应。它们在其他植物的缝隙间生长；它们延迟自己的生长只为等到最适宜的生长时间（例如球根花卉、冷季型草坪草和暖季型草坪草）；它们改变自己的形态以适应其他植物，或者是形成更强大的根系结构使它们能和更大型的植物去竞争。这个过程是缓慢和反复的。然而随着时间的推移，最终会形成一个充分利用场地资源的场景，植物的生长错综复杂地交织在一起。

相比之下，人工培植的植物则在人工控制光照、养分和温度的苗圃中生长。苗圃将植物种在以泥炭为主的土壤中，在它们被出售前一直给予它们充足的水和肥料。之后，园丁对它们进行挑选并将它们种植在经过改良的土壤中，但他们通常不了解土壤的 pH 值或者土壤肥力会对植物产生什么样的影响。我们认为一些植物摆放在某个地方好看，然后我们才决定将它们摆放在那儿，但这是我们自认为用植物起到了装饰环境的作用，比如用不同的植物素材来体现色彩主题。为了避免竞争，我们通常将植物间隔一定距离种植，同时使用大量的覆盖物防止杂草生长。除非园丁对植物的种植要求有很深入的了解，否则最后的结果通常是来自不同产地植物的随机组合展示。

44 　　这两个事例揭示了植物群体对一块场地的截然不同的反应方式。在第一个例子里，植物通过适应种植环境来使自己在那个地方生存下去。不同植物组团间的拆分、建立、竞争和适应凸显了植物与种植环境之间的联系。而第二个例子则揭示了我们在自己的花园中随心所欲地放置植物的方式。在这个情景里，植物几乎没法控制自己之后的命运。

　　将植物种植在合适的地方看似是一种符合常识的做法，然而，专业设计师在设计过程中对这一简单规则的忽略程度着实令人担忧。将植物随意地种在一个地方这一现象在我们的景观文化中随处可见。并且植物种植设计通常采用抽象的、形式主义的语言进行教学，但这种教学方式却没有包含植物生态学的一些基本原则。将植物种植设计类比作绘画，这就暗示了植物与场地之间的二维关系，就像颜料和画布的关系一样。在美国的大多数景观学校里，种植课程通过一门叫作"植物材料"（Plant Materials）的课把学习重点放在了少数几种过度使用的木本植物上，"植物材料"这一术语充分揭示了人们认为植物组团是静态的这一观点。这些课程倾向于强调植物的装饰性特征，却缺少一些重要的知识，比如怎样把植物合理地种植在一起，它们具有怎样形态的根，或者不同植物间是如何竞争的。在植物设计教学之外，图书馆所有的园林书籍都在教授植物的个性化布置，或者如何改良土壤使其适合种植不同种类的植物，或是传授怎样铺设地表覆盖物、通过适当的灌溉和施肥使植物存活下来。具有讽刺意味的是，我们只注意到了植物的装饰性特征，却忽略了它们的生态特征，以致我们不能设计出我们预期效果中的植物组团。

　　为了使我们的植物种植不那么呆板，我们应该把每一株植物都视作巨
45 大拼图中的一小块。

　　事实上，这种拼图的类比能够比较容易地讲述一个道理，即一株植物

左　传统园艺中，植物作为一个个独立的个体进行配置。通过与合适的植物配对种植，可以提高这株虾膜花（*Acanthus mollis*）的观赏效果。
右　像绘画一样对植物进行种植，就像喷漆一样机械。这种方式使植物个体间的联系和不同植物与自然环境之间产生的联系都消失了。图中两种风格迥然的叶片形成了不和谐的效果。

杂草丛生的地方是研究植物群落中不同植物如何交织的好地方。图中展示的是在春季，一大片匍枝毛莨（*Ranunculus repens*）创造了一个季节性主题。

的形状（它的外貌）是对它周围环境条件以及其他植物的一种反应。

想象一下，一大片茂密的野外草本植物。为了利用裸露的土壤，先锋植物演变出了数量惊人的各种各样的形态和质感。例如，蓍草像蕨类植物般质感的叶子，车前草宽大的基生叶，早熟禾直立而锋利的叶片，以及连钱草厚厚的肾形叶片，这些千变万化的植物叶片纵横交错，使这些植物能以惊人的高密度共存。不仅枝叶相互交错，它们位于下地的根系也是如此。很多植物的根系都具有很高可塑性，为了避免与其他植物根系的竞争，不同植物的根能延伸至土壤的不同部位。上下不同层次的各式各样的叶子和根形状，成功解决了植物最大可能地利用有限的土地资源这一难题。

植物的生命本质上明显是具有群体性的。有时候一些植物依赖于其他植物存活（寄生植物、附生植物、攀缘植物等）；有些时候植物们是共生的（菌根真菌和乔木的根系）；然而另一些时候这些植物组团却是存在竞争的。在传统的植物种植中，植物通常被种植得很远，以避免相互作用，这是园丁人工控制的结果。但是，如果植物被正确地组合在一起，设计师们就可以用每一种植物的竞争策略来产生更大的收益：延长开花植物的开花时间，增加植物质感的多样性，以及使裸露的地表有更长的时间被植物覆盖。人工设计的植物群落遵循的原则是多多益善。当彼此能一起协调生长的植物被种植在一起时，整个植物组团的美学、功能益处会成倍增加，并且整体的生长状态会更健康。

47

对页　拟松果菊（*Echinacea simulata*）在富含钙元素的大草原上大片盛开。然而在这片大草原上，它独特的性质保证了40多种珍稀濒危动植物的生存。

原则 2：胁迫的价值

温和的气候和肥沃的土壤能使万物生长。对于那些热衷于设计极具地方色彩的植物群落的设计师来说，第一步很简单：顺其自然地接受一块场地的环境限制条件。不要花费大量的精力和成本使土壤更加肥沃、使日照更加充足，或者提供充分的灌溉。相反，在现有的条件下，我们可以选择为数不多但却能适应这块场地并茂盛生长的植物。

野生植物与它们的自然生长环境是密不可分的。试想一下，植物是如何沿着草地上极其微小的地形蔓延开来的，或者在森林中，一棵树倒下后重新照进的阳光是如何让一种新的植物形成的。植物和它们创造出来的生存模式能清晰地表达出环境中最细微的变化。

每一个地方都有着独一无二的土壤条件和光照水平，只适合具有特定形态和功能的一群植物生长。我们现在看到的植物和其生长环境之间明显的和谐，是经历了残酷的自然选择的结果。每一个植物种群都会繁衍出大量的后代（比能生存下去的数量多得多）。只有最适应环境的那些后代生存了下来，于是这些后代比上一代更适应当地的生态位。经过漫长的自然选择，植物都具有了鲜明的地方特色。草原上的草坪草可以拥有超过十英尺深的根系，这使它们在被火烧过后可以迅速重生。一些沙漠植物有很长的主根，并且它们的种子可以随着沙丘流动，这些特征使它们能在贫瘠的沙堤上存活下来。在气候干燥的地方，一些植物叶片上的茸毛可以从潮湿的空气中吸收水分，并能在叶片的表面形成一层保护膜使植物免受干旱的胁迫。一株植物的所有特点——包括它的外部形态、根系、叶片和繁殖方式——都是对一个特定地点的适应结果。

从设计的角度来看，自然界中存在的植物群落最令人称赞的就是它们能很好地适应当地环境。我们欣赏这样的景象：大片的延龄草生长在橡树的根须之间，许许多多的金光菊沿着草坪蔓延。在这些植物群落中，这种自发性与和谐性，是建立在植物能很好地适应当地环境的基础上的。讽刺的是，我们认为长势旺盛、很好适应当地环境的植物往往是资源稀缺的结果，而不是丰富的资源导致的。

一种植物能在某个地方生长，是因为它能很好地适应当地环境。植物对环境的耐受程度在这里是一个关键概念，因为它描述的是植物对有限资源的适应程度。所有维管植物都需要基本的生存资源：营养、水、光照和二氧化碳。任何一种生存资源的供应是受到多种因素影响的，包括温度、pH 值、空气湿度和土壤中的氧气含量。

植物不能像动物一样改变它们的位置来寻找食物或水，植物的位置是固定不变的，它不能移动。当一株植物无法触及它所需要的资源时，它必须调整它的形态、光合代谢途径或者吸收养分的方式才得以继续生存。因此，

49

对页上　我们努力争取的场地品质正是可以造就绚丽种植的品质。这张图片里，极度缺水和难以繁衍的环境却塑造了一个独特的植物群落，使得亚利桑那州沙漠（Arizona desert）更加美丽。

对页下　锯叶棕榈（*Serona repens*）、蓝色弗吉尼亚须芒草（*Andropogon Virginicus var. glaucus*）和长叶松（*Pinus palustris*）有着不同的垂直形态和颜色，它们和谐共生的状态显示了其对环境的直接适应。这些环境条件包括：贫瘠沙质土壤、干旱，以及墨西哥湾（Gulf Coast）沼泽地的盐碱水。

如果生长在森林地表的植物需要获取更多的光照，它必须拿出更多的养分来使自己的枝叶生长，或者在细胞中生成更多的叶绿素。当植物进行自我调整来寻找缺乏的生长资源时，它是以牺牲其他能获得的资源作为代价的。这是植物在缺乏充足的生长资源时不得不采取的一种权衡和取舍。

因此，决定植物分布的不仅仅是资源的可获得性，还有资源的匮乏性。在某种意义上，每一块场地由于其独特的光照水平和土壤条件，都预先决定了在那里会生长怎样的植物。在每一个地方，拥有适应当地环境的形态，并且光合途径能适应当地光照条件的植物才会生长得更好。植物对不同胁迫（例如光照、水分或养分不足）的耐受性，将在很大程度上影响它们的区域分布。

对于设计师来说，从上述理论中可以得到的启发就十分明晰了：去利用胁迫的价值。我们在为植物准备生长环境时会本能地去除会限制植物生长的胁迫。我们打碎土壤然后掺入有机物；我们移走遮挡物从而让更多的光线照射进来；我们安装灌溉系统给植物提供恒定的土壤湿度。但在很多方面，我们都在大量抹去一个地方的特质，导致我们的设计没有地方色彩。传统的园艺知识告诉我们，任何不属于肥沃黑色壤土的土壤都需要改良。想想那些可以在世界上最不适宜种植的土壤中茁壮成长的野花，当它们被种在改良过的土壤中后，这些野花往往在几年内死亡。这个现象并不是巧合，那些具有强烈地方色彩的花园往往都有一些极端的环境限制。一位英国女士——贝丝·查托（Beth Chatto）的砾石花园因其绝佳的场所感而闻名于世。这个花园的土质贫瘠并充满了碎石，从来没有进行过人工灌溉。她的花园里种植有从海边的沙滩、高山、地中海悬崖和干燥草原收集的植物，从而营造出一个能稳定存在并富有视觉感染力的植物群落。

厚实、重叠交织的兼容植物层是植物群落的典型特征，但在传统的种植实践中，这样的密度却很少见。福禄考属（*phlox*）、老鹳草属（*geranium*），延龄草属植物（*trillium*），蒲公英（*dandelions*），和禾本科草类通常成簇生长在乔木的基部。

50 原则 3：用垂直分层的植物组团密集覆盖地面

　　对于创建一个有效的植物群落而言，很重要的一点是地被层植物的运用。想想野外自由生长的植物：几乎从来都不会有土壤裸露出来。除了沙漠和其他极端恶劣的环境，土壤的裸露只是暂时的。然而在我们的花园和景观中，裸露的地面却到处都是。即使在栽种了植物的地方，比如直立灌木的下面，那些地表通常也是裸露的。更有趣的是，如果你放任这些花园自由生长，野生植物会迅速占据任何裸露的缝隙，其密度不亚于我们直接在野外看到的植物群落。

　　事实告诉我们，土壤裸露不仅仅是美学上的问题，也是生态功能上的问题，每一块裸露的地表都是适合植物生长的，在野外这些土地都长满了植物。如果我们没有在这些地方种植植物，杂草就会生长出来。为了控制它们的生长，这需要耗费大量的人力，或者更糟糕的是还要用到化学药剂。

52 用覆盖物是控制杂草和减少裸露土壤的一种更优良的方式，但这种方法的成本通常很高，并且限制了种植设计潜在丰富性。

　　由承包商设计的商业景观常声名狼藉，因为稀疏的植物经常被大量的覆盖物所包围。覆盖物过多会产生有机物质，使土壤中的营养物质大

绿色覆盖物。当树下的光照水平下降时，大片的蕨类逐渐取代草地，保持了林下的植被规模。

对页上　在植物基部附近的任何空间都是有待填补的生态位。即使是像草原鼠尾粟（*Sporobolus heterolepis*）这样长势低矮的植物，也因为在底层种植了莓叶路边青（*Geum fragarioides*）这样的蔓生植物而受益。

对页下　传统的种植中，树干的基部附近经常堆积着大量的覆盖物，而现在这些地方可以用来种植植物。如图，格氏薹草（*Carex grayi*）在一小块土壤上生长。

大增加，超过了大多数植物的需求。每年春天增加的新的覆盖物使我们的种植永久保持在建成阶段。这层覆盖物保护了裸露的地面，阻止了杂草的生长。

能代替覆盖物的是绿色护根，也就是绿色植物本身。通过种植更多的植物来占据开阔区域，我们创造了一个郁郁葱葱、地面全年被植物覆盖并减少杂草入侵的植物组团。用植物群落来覆盖地面的方法与用常春藤或长春花等植物来覆盖裸土的传统方式是很不相同的。传统的方法通常是使用单一的、侵略性强的植物作为地被植物，但这限制了植物组团的生态多样化。现在人工设计的植物群落中，我们用大量低矮并能共生的多年生植物和观赏草取代了单一而侵略性强的植物。

植物群落的本质是一个组团中不同植物的分层现象，这种分层的现象不仅是横向的，也是竖向的。不同物种通过垂直分层来实现对时间和空间层面的不同生态位的占据。一个明显的例子就是落叶乔木下，混合种着春花球根和多年生草本植物。即使是草本植物层还能细分为包括耐阴植物、地被植物、中等高度的丛生植物，以及更透光、叶片更稀疏的高大的植物在内的层次。在关于设计过程的章节中，将会讲述如何更精细地进行植物垂直分层设计。

对于习惯于在平面图中构思设计的设计师来说，设计出具有多层次的植物群落通常是很困难的。如表示种植池的设计图中，通常使用圆和椭圆来填充画面，这使得画面很丰满。但实际上，在灌木和乔木下通常有大片的土地是裸露的。事实上，景观设计师使用的绘图技术，通常会用大量的单一植物作为他们的设计特色。植物种植设计不仅应该从平面图出发，也应该从剖面或者透视的角度出发，进一步思考怎样使我们设计的植物群落垂直分层。此外，还有一种图解群落的方式，这种方法向我们展示了一个群落中不同植物是如何重叠的，帮助设计师创造层次更加丰富的植物群落。

地被层只是植物群落里若干垂直层中的一个。但是我们在这里特别强调它，因为它在传统种植设计中经常缺失。我们关注的是覆盖裸露地面，从而重点放在某些特定的植物上。这就需要优先考虑使用那些在形态上和生长习性上，能更有效地覆盖土壤的植物。这些植物往往具有株高矮小和扩张覆盖的特点。它们通常是耐荫的，因为生长在其他植物的下面。它们并不是开花最持久最繁盛的植物，但却是帮助我们设计出垂直分层的人工植物群落的主力。我们不应通过将植物挤着种在一起来增加种植密度，而应该将植物组合布置在竖向分层中，使得植物在不同空间生长。

对页 在土层较浅、无法浇水的绿色屋顶（最下图）上很难种植深根性植物，如柳枝稷（*Panicum virgatum*）和柳叶马利筋（*Asclepias tuberosa*）。如果在地被生态位上长满了茂密的景天属植物，那么植物群落就能变得繁盛（下图）。

让植物占据所有的生态位

许多传统的植物种植并没有将所有的生态位都填满，并且有土地裸露出来，这使得阳光可以直接照射到地面。由此产生一个问题，因为阳光照射土壤会使土壤温度显著增加，并会导致土壤中植物需求的基本水分快速蒸发。对于对生境有高要求的植物来说，裸露的土壤是一个严酷的生存环境。想想屋顶的绿色植物以及它们面临的极端环境条件。如果屋顶的介质暴露在外面，它会迅速变干，并且表面温度可达71℃（160 ℉）甚至更高。许多植物如果种植在传统的介质上或种植得间隔太远，是无法在这些极端条件下生存的。然而，如果较高植物种植点间的缝隙用地被植物（如景天属植物）填满的话，微气候和植物的生境会被显著改善。填补的生态位对生境有更高要求的植物创造了更好的生长条件（这些植物并不能在改善前的生境中生存），因为这能使土壤表面保持低温且植物根系能获得充足的水分。填补土地的空缺有利于改善整个植物组团。

地被层的揭示

在传统的植物种植设计中，虽然平面图上显示所有的土地都被种上了植物，没有土地裸露出来。但如果从剖面或者三维的角度来看这些种植的植物，就会看到有少量的土地是没有被植物覆盖的。

平面图：土地看起来像是被植物紧密地覆盖住了

剖面视角：裸露的土壤被清晰地展示出来

透视视角：更大面积的裸露土壤被展示出来

原则 4：增加植物群落的吸引力和特色

55

　　大部分西方国家对于自然这一概念的理解，来源于 18 世纪英国的如画般田园风景的概念。我们喜欢长远视线、开敞景观、清晰的边界，以及一丝神秘，这些偏好影响了我们人造景观的方方面面。因此，公众不愿意接受充满荒野气息、毫无秩序的景观和植物配置，尤其是在大都市和城镇。当人们看见种类高度混杂的植物组团时，往往会想起荒芜的田地或者废弃的工业用地，从而再让人联想到城市的衰落荒凉和被遗忘。

　　我们对自然景观的反应不仅仅由于文化层面上的原因，还因为我们人类内在的生物反应。虽然我们喜爱整洁景观的这一文化偏见常常限制了我们做生态植物种植的潜能，我们对自然景观的生物反应却会倾向于拓展这些潜能。环境心理学家长期以来一直认为，我们偏爱某些类型的景观是因为它们能为我们提供人类的基本需求，比如对食物和庇护的需求。多项研究推测，人类对于稀树草原的偏爱（一种辨识度高且丰产的景观），导致了草坪作为英国园林风格象征的过度运用。但是，单纯的草地和树木并不能代表稀树草原的全部内涵。我们可以从全新的角度去看待这种景观模式，将它分解为生态学价值和富于吸引力的植物组团。所以其他类型的景观或许也可以拥有和稀树草原一样的特质（比如辨识性、开敞性、神秘性），它们同样可以很好地成为我们设计的灵感来源。对于景观设计师而言，将一个极具吸引力的植物群落作为我们设计的参考依据和灵感来源，是使我们的设计能被公众审美接受的一个重要方法。

　　尽管我们希望公众将景观美学扩展到更宽的层面，比如能欣赏一个更加充满自然气息的设计，但我们是现实主义者，终究屈服于现实。于是将生态功能转化为一种美学形式成为景观设计师的负担。有两种重要的方法可以做到这一点。第一种，设计人工植物群落时，可以通过一种图案化、形式化的方法使它们更容易被理解、更具秩序性，且更吸引人。它们不需要通过复制自然来捕捉自然的精髓。因此，一个好的设计应该能体现自然植物群落的精华，强调它的基本层次和模式。为了使设计更加具有吸引力，某些植物种类和组合模式可能被过度夸张，而自然植物组团的其他元素可能被全部忽略。高度随机混合的植物种植可以用强烈的团块式植物组合作为视觉背景。对自然存在的植物组合进行仔细的分析和理解，可以使人工植物群落的最终价值超过它各部分的价值的简单相加。

　　第二种让一个分层植物组团更有吸引力和条理性的方法，是建立一个有序的视觉框架。这个观点由景观设计师琼·艾弗森·纳索尔（Joan Iverson Nassauer）在一篇题为《凌乱的生态系统，有序的框架》（*Messy Ecosystems, Orderly Frames*）（1998）的论文中首次提出。其观点是高功能的生态景观可能显得杂乱，尤其是在城市和郊区地带。这引出一个问题：拥有完善生

自然林地的质感和颜色（上图），在 2014 年卢西亚诺·圭布列（Luciano Guibbelei）为罗兰百悦庄园（Laurent-Perrier）（下图）设计的作品中得到了很好的展示。组团中的植物有羽扇豆"吊灯"（*Lupinus 'Chandelier'*）、蓝色福禄考"香水云雾"（*Phlox divaricata 'Clouds of Perfume'*）、七叶鬼灯檠（*Rodgersia aesculifolia*）和西伯利亚鸢尾（*Iris sibirica*）。

在居住区景观中，草坪是一个常见要素（上图）。草坪的广泛使用可能是从开敞的热带稀树草原景观（下图）演变而来，这种景观为人们提供了猎物丰富的狩猎场和开阔的视野。纳索尔（Nassauer）主张，生态景观应该使用"关心的暗示"方法，即在一个景观中人的关心、维护和意图层面的暗示。

由帕舍克事务所（Pashek Associates）设计的位于匹兹堡的
戴维·劳伦斯（David Lawrence）会议中心屋顶（左上图）植
物景观，其采用了多种技术，使一个高度混合的原生草甸看起
来井然有序。草甸的高度受到所选低矮植物的限制（左下图）；
低矮的植物种在前面，高的植物种在后面以防止群落的边缘变得
凌乱和整个植物组团变得松散（右上图）。更重要的是，混合草
甸结合人造景观和大片景天属植物形成对比，创造了复杂与简单
的平衡（右下图）。

态功能的群落却经常秩序混乱，干净整洁的草坪和修剪的绿篱却通常不能
长久地保持原样。自然植物群落努力地增加自身的生物多样性，但却被人
们错认为是秩序混乱。

　　事实上，即使有着精细的演绎，自然植物群落在某些情况下也可能
显得杂乱。甚至在某些时候，人工设计的植物群落中会有像作家诺尔·金
斯伯里（Noel Kingsbury）所描述的"不愉快的一天"。设计师们可以利用
一系列的技术来使人工植物群落适应任何不同的场地：从小型的规则式花
园到大型的商务花园，从城镇广场到高速公路的绿化带。有序框架的基本
概念之一，是用整齐的视觉框架来围绕凌乱的种植。例如，将一块人工草
坪放置在一片自然草甸的边缘，围绕着一个混合式植物组团，包括修剪的

58

春季短寿植物随机分散在
这片自然森林中的地表。

奥姆·范·斯维登事务所（Oehme，van Sweden）的设计巧妙地简化了森林底层群落的多样性，使用了多花的植物种类，并通过增加图案的尺度使植物团块更加引人注目。

树篱。又或是使用硬质景观元素（例如篱笆、小径或景墙）去围合凌乱的视觉元素。

　　公众对植物种植的偏好是难以琢磨的：一方面，有的认为美丽的设计更有可能被人们接受，被养护，甚至被模仿。另一方面，有的认为蓬乱的或者不吸引人的种植设计会导致它在最好的生长状态下被人们忽视，或者在最坏的生长状态下被强烈抵制。毕竟，自然风格的种植设计的目标之一就是唤起人们对荒野的愉快联想，而不是制造不适或困惑。拿骚在论文中写道："当植物群落的生态功能被公众的文化语言形式进行界定后，它不但不会被抹杀、掩盖或让步，而是成为公众视觉欣赏的关键。这样，人们开始以新的方式去看待它。"

59

对页 在这个由詹姆斯·戈尔登（James Golden）设计的花园中，当植物作为群落生长时，它们不再以个体为单位被养护，而是作为整体一起管理。

原则 5: 管理，而不是维护

在夏季周末的郊区，草坪割草机和吹叶机的运作声是一种常见的背景噪声。这种由燃气驱动的机器运行声组成的共鸣曲，正是对一种拒绝变化的景观理想的证明。而这种想法也影响着我们珍视的植物种植池维护方法。传统覆盖物的方法、对植物进行频繁的修剪、不断给多年生花卉去掉枯萎花头、定期的浇水灌溉，所有这些措施都意在将一个植物集合静止维持在一个特定的时间段。

在经过精心设计的人工植物群落中，植物的养护方法与传统的维护方式观截然不同。当植物能相互和谐共生时，不用再对单个植物进行维护，相反是对整个群落进行管理。这一新的视角立足于设计观念的一种转变（原则 1）：当以一种孤立而缺乏联系的视角去布置植物时，它们需要的是个体化的养护；而基于整体的植物群落则需要整体性的管理。这意味着我们不必费心于特别照顾某些需要更多水分的植物和另一些需要更多肥料的植物。我们也不必再为某一种植物的存活而采取针对性的措施。相反，一套管理工作对应着所有的种群，从而更好地保持了植物群落本身。

这一管理方法减少了许多费时、费资源的养护工作。尤其是在植物群落建成后，灌溉、覆膜、喷洒药液、浇水和落叶处理等一系列操作都可以避免。相反，一些大尺度的措施就可以用来保护植物群落的框架，这些包括：割草、焚烧、剪形以及可选择的其他措施。养护的重点由此转变成保护植物群落的整体性，这包括它的基本功能层次和不同种类植物间的平衡。

在许多方面，这种从维护到管理的转变，是对设计而不仅限于最初的创造过程的肯定；任何一个园丁都知道设计并不是一种一劳永逸的行为，而是贯穿植物整个生命的一系列决策。不能把设计从园艺中割裂开来，而应作为园艺的一种衍生。每一次人为的干涉都是一次能改变植物群落发展轨迹的重要决定。

同时，妥善管理能允许植物群落在一定范围内的变动。经过设计的植物群落处于动态变化之中，管理工作需要结合一系列的自然过程，例如竞争、演替和外界干扰。死去的植物不需要被更换，但它们的空缺很快会被新的植株所取代。植物自由生长、自我播种，并且在一定程度上，可以战胜并取代其他种类的植物。这种管理方法的一条基本原则是，当植物得以顺应天性，自发地去建立独属于它们自己的植物群落时，这会是一个更健康强健的植物群落。

作为设计师，这种从养护维护到妥善管理的转变，需要我们更加谦逊。我们需要明白，植物群落是复杂的，适应的系统是由它们与场地、其他种类植物之间的互相作用而形成的。在这种情况下，妥善管理需要一系列的小规模人为干预（仅是对"船舵"的轻微调整），就能保持植物群落的总体特征。

抛开这一点，大多数植物群落确实能因此繁盛生长；但是在一定程度
上，植物自身会发生改变，逐渐偏离原本的设计意图。所以这时候，我们
必须采用妥善养护来使地面一直被覆盖，并保护种植的美学价值，或者阻
止生长势较强的植物完全取代那些生长势相对较弱的植物。这样，养护管
理者的工作就更像是一个调解人，而不是一个监狱的守卫：只有在必要的
时候，去调整群落的发展方向。

这一过程必须由设计目标决定。传统园艺维护的部分问题在于，不管
是否真正需要，都一律进行固定的修剪养护工作。放置护根物、虫害管理、
修剪和浇水总是出现在计划安排上，但我们通常并不会去评估这些工作是
否确有必要。与之相比，妥善管理是由设计目的驱使的。仅仅是在让设计
朝既定目标前进时，才需要人为的干涉。许多设计目标会贯穿整个项目期间。
设计目标的制定可能是依据审美价值，比如说想把大量的开花植物进行组
合种植；也有可能是依据功能需求，比如说想通过保持一个高密度的地被
植物覆盖使杂草的生长受到抑制。同时客观条件可能发生变化，这主要取
决于群落的建成时间和种植期的长度。频繁出现在大众视野中的公共区域
的植物，可能需要更强烈的人为干预；而在更为自然的环境中，我们对植
物群落的人为干预可能就不需要那么多。植物对人为干预的容忍度是影响
我们设计目标的重要因素。

......

将这五项原则结合起来，就能形成一个对传统种植方法的大胆替换方案。
现在正是该思考这种转变的时候了。21 世纪的植物种植设计标志着一个新
的时代，我们对植物在日常生活中所能扮演的角色有了更多期待。设计师比
起以往承受着更大的压力，要创造不仅看起来赏心悦目，同时也具有一定生
态环境功能的设计。我们需要种植设计来过滤雨水、去除污染物和碳、缓解
城市热岛效应，以及为生物提供栖息地。但使这些期待难以进一步推进的事
实是，我们的许多客户并不能持续维护这种复杂的种植方式。公共景观通常
缺少进行妥善管理的预算或人力，同时过度承诺的业主们也根本没有足够的
时间或知识。这些事实都将重担压在设计师身上，要求他们去创造新的植物
群落，在很少的预算和资源的情况下，去满足这些似乎有点不切实际的期待。

为了完成这些挑战，我们必须用与以往不同的方法进行设计。我们需
要一套崭新的工具和方法，它从植物与场地、植物之间的相互作用中演绎
而来。这需要我们对植物和它们的动态变化有一个更深入的理解。接下来
我们要着眼于大自然，从中得到设计的灵感，并提炼出重要的经验，从而
形成一个植物种植设计的新时代。只要我们留心大自然，植物本身就会给
我们展示这一套崭新的工具和方法。

对页　紫色达利菊（*Dalea purpurea*）是一种豆科植物，它入土极深的主根和细长的形态，使它能和谐地与其他低矮的禾本科草类和草本花卉混合生长在一起。

第三章

来自荒野的灵感

自然景观能给人带来的体验是实体和精神两方面的。想象你在穿过一 65
片森林时碰到树枝嘎嘎作响，之后你看到了一块林间空地，这种感受强化
了我们对荒野的心理联想。自然与人类文化相融合的最佳案例都会带有一
种童话色彩：比如说阿巴拉契亚（Appalachian）山谷里幽深的森林就非常
适合做格林童话的背景，再比如具有哥特式庄严氛围的海岸常绿橡树林看
上去就很像侏罗纪主题游乐场。这些场地吸引人的原因不仅仅是它们的地 66
域特色，还有每一处自然风景所蕴含的意境：那是由一个特定景观在片刻
间展现的宏大且广阔的景象。

我们追寻荒野的心

对于那些从事景观或花园营造的设计师来说，理解人与植物、人与自
然景观之间的内在联系能极大地拓展他们的潜力。植物能用两种方式激发
人类的情感：一种是通过非常个人的特殊回忆让人产生特定情感；另一种
是通过我们的潜意识，构造对所有人普遍适用的常见自然景观模式来激发
他们的情感共鸣。我们在此要详细说的是第二种方式。原因是对于第一种
方式，虽然个人的回忆能引起人们非常强烈的情感联系，但它往往是非常
主观的。比方说香橙花的味道可能会让你想起你在花园温室度过的一个冬
日午后，又比方说一棵大橡树可能会让你回忆起你童年的一个特定场景。
它们与植物、人和场地之间有着千丝万缕的联系，但这些回忆很难去复制，
尤其是对面向适用人群多样的公共场地进行仿制。突破对于个人回忆的关
注，我们就能通过种植创造一种独特、更深层次的联想：对自然的集体记忆。

虽然情感在本质上来说是主观的，但是我们都有着因物种进化带来的
一种对环境的共同反应。想象一下，你走在一条转角湮没在繁密丛林里的
小路上，你会是什么感受？害怕、恐惧？小心翼翼？或者可能是一丝好奇？
每个人的情感可能都会有所不同，但这些感觉会有一些共性。想想你攀上

对页 优秀的植物种植理
念往往来自于像这样开阔
的松林。这种天然植物群
落表达了良好设计的精
髓，尽管它并不是人为设
计的。它的吸引力是长久
进化带来的结果，并且这
种进化至今仍在发生。

山顶从高处看到全景时的感受，这种欣赏风景的愉悦感在英国地理学家杰伊·阿普尔顿（Jay Appleton）的瞭望—庇护理论中被这样诠释：我们对那些易观赏游览的环境有着一种天生的偏好。

虽然有些心理学家已经提出过一些理论，认为随着人类进化，人们对特定的景观环境会有所偏爱，但很少有人把这样的理论延伸到尺度较小的植物设计中去。想象一下，我们的祖先在原野和树林中穿行了成千上万年，他们对众多植物有细致的了解。有些植物能够帮助他们应对险境、愈合伤口、采摘食用，所以分辨植物是否可食用是关乎生死的问题。虽然说现在我们可能不像我们的祖先那样依赖植物生存了，但我们仍对植物保留了相应的记忆和情感。我们可能已经失去了这些具体的记忆，但是那种原始的思考方式依然存在，它能够根据我们对于安全或机遇的感知产生相应的情感。这也就是说，当我们看到某种特定的植物或植物组合时，一种情感的反应会在我们心底油然而生，能感知到一种更为广阔、更为自然的景观。

低矮的草丛可能会让我们联想到一个开敞宽阔、洒满阳光的场地，我们会因此有开朗和愉悦的感觉。宽阔的叶片可能会让我们联想到某个潮湿、葱郁、富有夏季气候特点的场地，比如一片地处河边低洼地的森林。植物与其所对应的景观间的联系多半源于人的直觉。我们不需要植物生态学的学位就能知道阔叶植物多生长在潮湿的地区，而没有明显叶片的肉质植物多生长在干旱地区。我们甚至都不需要理解上述这些现象，就能够发现它们之间的联系。这种与生俱来的有关植物和其相应生长环境的认知，就很好地解释了为什么我们会觉得有些植物组合很奇怪，而有些在我们看来却很和谐。当美国的景观承包商们将草本植物以十分规整的方式排列种植时，这种人工的线性排列模式就会显得十分生硬，好比农田里种植的庄稼一般。但如果模仿植物的自然生长方式，让它们如同水流一样蔓延生长，成团成簇，就会给人以一种随着时间的流逝，植物自然落地生根于此的感觉。

69   这种由植物引发的确切情感远不如片刻的参与重要。对于同一个景观，不同的人会有不同的见解，并且这些复杂的见解通常是矛盾的。一条阴暗的林间小径会给一种人阴森、不祥的感觉，又会使另一些人有所心动、跃跃欲试。从这两种截然不同的反应中，我们能感受到一种瞬间的共鸣，推动人们直接去感受景观。作为设计师，我们虽然不能控制人们的情感，但我们可以为人们提供上述这种直面自然的场景和机会。事实上，很多景点令人流连忘返的原因就是这种富有层次的情感铺陈。一旦掌握了这种人与植物的情感联系，设计师就可以将种植设计从装饰性植物组合上升到富有寓意的艺术形式。而如果人们能够与一个景观产生情感上的联系，他们会更倾向于去关心和维护它。

由亚当·伍德拉夫（Adam Woodruff）设计的一大片草原鼠尾粟（*Sporobolus heterolepis*）（上图），给人以一种大草原的感觉，就好像伊利诺伊大草原（下图），在那里草原鼠尾粟为其他草本花卉提供视觉基底。

单株的臭菘（*Symplocarpus foetidus*）让人想起河漫滩的草甸（上图）；一大片如海洋般的阔叶植物给人以潮湿、荫蔽和处于林下植被层的感觉（下图）。

景观原型

对页左上 在这座盆景花园里,多年生植物的种植层次依土壤深度而定。粉红色的精灵景天(*Diamorpha smallii*)位于低洼处的上部边缘,而毛千里光(*Packera tomentosa*)则种植于中心部分。

对页右上 在萨拉·普赖斯于2012年设计的电报花园中,她用多年生植物、灯心草、观赏草和野花凸显了园中的水体,这是对北威尔士高地和达特穆尔高原的含矿物质丰富的溪流进行的绝妙诠释。

对页下 山坡的梯度变化通过水平格局上的不同的草本花卉和禾本科草本植物表达了出来,例如中景区域生长的芦苇(*Phragmites*),以及在远处干燥山坡地上的北美小须芒草(*Schizachyrium scoparium*)。

为了引发植物与人情感的共鸣,我们需要创造一种人们能够识别的模式。我们追寻已久并想要重新诠释的就是这种荒野生境难以捉摸的本质。而这样做的复杂之处,在于全世界各地有成千上万不同的植物群落。如果我们逐一研究可能需要花上一辈子的时间,更有可能的是这样做非但不能明确我们的目标,反倒偏离了我们原本的研究重点。对于英国南部居民来说,弗吉尼亚州(Virginia)山区的橡树—山核桃混交林(oak-hickory forest)在他们眼里可能毫无意义,但是他们都能理解森林这一概念。要想创造出能使人引起情感共鸣的植物设计,我们必须从受广泛认可的参考植物群落开始。

这些有着广泛吸引力的植物群落就是景观原型。原型,指的是一个大家普遍认可并沿用下来的概念,从这些普遍适用的原型中能衍生出更多特定的模式。实际应用到景观里的话,原型指的是每个场地的精粹,也是最基础的、最让人印象深刻的植物模式。一片森林可能是落叶林或针叶林,生长在热带或温带的气候里,处于干燥的或潮湿的区域。虽然这些区域性和气候性的差异至关重要,但我们的目标是暂且忽略它们的差异,去找寻所有森林都具备的基本构成层次。

重要的是,我们将景观原型作为设计的灵感来源,因为它描述了实体的植物群落与人的情感、回忆和联想之间的联系。正是这种蕴含了人类情感的景观汇集成了我们植物种植设计的灵感源泉,帮助我们将原本只具装饰功能的植物组团,增添情感体验的寄托。研究景观原型也能让我们掌握对设计和植物普适性的使用法则。因此,许多对于乡土植物的研究都关注植物的区位资源,但也同时形成了植物受众面窄的限制情况。而如果能够理解更本质的模式或者森林、草地生态系统的动态变化,我们就能就将其因地制宜地运用了。这些传统的景观模式使设计师们能灵活自如地创造出满足客户要求和特定场地需求的植物组合。

以荒野为设计灵感的植物种植,最佳方式是解析自然中的植物群落模式而非照搬自然。很多情况下,我们对荒野场地的喜爱会成为我们设计路上最大的阻碍,它往往会引导我们关注那些奇特的植物或精巧的复杂美感,从而使我们分心。我们不能只在意这些森林中的大花延龄草(*Trillium grandiflorum*)。

70

所以说,生搬硬套地模仿乡土植物群落作为营造自然景观之感的方法,往往只会产生拙劣的临摹感。现在越来越多的人将他们的花园设计成植物生境的恢复之地,这是我们都想达到的目标;但实际上他们在为乡土植物构造适宜场地的同时,丢失了原本自然景观的灵魂。问题在于他们对自然进行了机械的模仿,单单引进与生境相匹配的植物是不够的。我们要赋予那些植物

科罗拉多（Colorado）草甸的开阔感使它极富自然吸引力。

内涵，重构它们的模式和框架。了解景观原型也正能帮助我们做到这一点。

为了能够描述出一个能吸引全球目光的设计过程，这一节将会围绕 3 种景观原型进行阐述，分别是草地景观原型、林地和灌丛景观原型，以及森林景观原型。虽然无数的生物群落都可以用这种分类进行区分，但每一个原型的植物群落都是由简单层次构成，而每层都各司其职。我们所选择的这 3 种景观原型，主要适用于大部分温带地区。

草地

除了南极洲，草地景观遍布其余的各个大陆。然而不同的地方有不同的草原类型：在北美，为人们所熟知的是普列里草原（prairie）；在南美则是潘帕斯草原（pampas）；欧亚大草原（steppe）从东欧一直延绵至亚洲大陆；

而在非洲草原，又可分为东部稀树草原（savanna）和南部稀树草原（veldt）。即使是在以温带林地为主的区域，也有散落在草甸、林间空地和山间空地的小块草地。

　　草地往往出现在森林和荒漠交界处，是较为干燥的内陆地区。两个环境因素决定着草地的生长：较低的平均降雨量和定期的外界干扰，如火灾、放牧、修剪或高海拔地区的雪崩。这样的环境都足够湿润，能够使得根系较深的草在此生长；同时也足够干燥，能避免森林的形成。总的来说，处于干燥环境的草地比较低矮，潮湿环境的草地相对高一些，并由长势较旺盛或能无性繁殖的种类组成。构成草地的植物种类往往是自然产生的，但后续的存活情况则通常由外界干扰决定。

草地给人的体验

　　在过去的半个世纪里，很少有其他的原型能像草地一样吸引植物爱好者和设计师的想象力。从某种程度上来说，草地能提供不同设计风格的理想结合形式：大尺度的草地非常广阔和统一，能给人以巨大的情感冲击；小尺度的草地则有细致精巧的分层，并且能够创造令人震惊的动植物多样性。许多自然式植物种植运动，比方说新美国花园运动、新多年生植物运动、德国的混合多年生植物运动（Staudenmischpflanzung）都从自然中的草地获取了灵感。

　　低矮草甸因其清晰的形式和广阔的风景充满吸引力，就如同这片草地一样。

73

在阿巴拉契亚山脉（Appalachians）的南部有一个罕见的高海拔草原，这个景观给人以史诗般壮观的感觉。这种草丘是不寻常的，因为它与那些通常是由寒冷导致的缺乏树木的高原草地不一样，它足够温暖，树木完全可以在其上面生长。有很多理论能够解释这个草原为什么没有树木，但其确切的起源仍然是个谜。

在当代，这种吸引力很容易理解，因为在现如今城市化的进程中，世界被越来越多的建筑高墙包围，但草地却能提供一种开放和自由的感觉。想象一下，如海洋般广阔的草地在微风中摆动，给人天空和宇宙的广袤无垠感，这样的场景俘获了一代又一代设计师的心。

草地的典型景象是低矮的，至少在我们理想化的印象里是这样的场景。这使得我们视线通达，风景一览无遗。我们对高度清晰可见的景观的偏爱可能源于我们想要从远处辨明危机的心理，例如想要发现捕食者，或是从远处察觉到入侵的军队。远景能给人以心理上的安慰，这一简单的事实很大程度上决定了景观设计的历史，比方说英国风景运动的主要特征就是写实主义风景画中的草地远景。

从远处看，整个如织毯般的草地都融入巨大的绿色背景中。只有当其中的某种植物开花或结果的时候，草地中才会显现出与主题相关的季相变化，以及色彩和质感。这时候，草地看上去好像被画家在风景里倾泻了一股股颜料。从远处观赏，我们看不到清晰的边界或具体的细节，草地的主要植物就像是融化在色彩和质感的洪流里。根据湿度、海拔等的细微变化，草地间的许多草本花卉或低矮木本灌木会相应地发生线性模式的变化。等高线上细微的褶皱（也就是水流汇聚的地方）会产生非常明显的植被改变。我们正是被这些线性模式的简单性和清晰性所强烈吸引。

在世界各地，有着各种各样的气候环境、土壤状况、水文条件、外界干扰频率和程度，这也就使得草地植物群落展现出不计其数的表现形式。在干燥、湿润或者是潮湿的土壤中，都可以生长出低矮的草地。

因为每块场地的上述各种条件状况都各不相同，每块草地就形成了其特有的颜色和质感，但在每个植物群落里它们又都具有统一性。比方说，在干燥的草地群落里，各种植物都往往会有较厚的角质层和叶片绒毛来尽可能减少蒸腾作用。这样的适应性改变会导致这些叶片变成蓝绿色、灰绿色或者银绿色。它们非常纤细的叶片形态能够减少表面积，从而减少水分的蒸腾。再比方说，在湿润的草地群落中，植物则往往生长茂盛且具有大量宽阔的叶片。它们不需要储存水分。

为了吸收水中被稀释的营养成分，植物需要通过它们的叶片进行大量的蒸腾作用来提供动力。沼泽草地植物的叶片颜色是相对来说最深的、最饱和的、最葱郁的绿色。在这种长期潮湿的环境里，它们不需要保护性的角质层。

74

自然界中绿色的色彩范围

草地群落因环境不同而具有不同的色彩范围，这主要是因为叶片形态和颜色的不同导致的。在干燥的环境中，叶子呈现蓝色或银灰色；而在土壤微湿或湿润的环境中，叶子则呈现出有光泽的深绿色。

干旱草地群落

绿色的色彩范围。

　　天然草地的独特之处就在于它们有视觉上相似的质感和绿色色调。因此，这些群落具有高度的辨识性和真实性。如果一块场地内植物组团的颜色和质感有和谐的过渡变化，这就表明这个组团与其外环境协同进化了数十年。缓慢竞争和演变的结果，使植物和场地有了深层次的联系，即植物和植物之间、植物和场地之间都有了相近的色彩和质感。我们可能会在潜意识中感受到这种和谐的状态，但我们不会明确意识到这一点。有些植物

中生草地群落   湿草地群落

看上去好像不是那么和谐，问题通常在于它们的色彩和质感。比方说引入 75
的外来物种，它们和乡土植物通常会在颜色范围上有细微的差别。许多外
来物种，例如忍冬（*Lonicera japonica*）或旱雀麦（*Bromus tectorum*），或是
能够四季常青，或是能够每年都比当地的暖季型草坪草更早发芽，从而能
竞争掉本土植物。春天，引进的植物是鲜艳的亮绿色，而很大一部分本地
的草还处于休眠期，这两者差别十分明显。

秋季牧场的色彩与其森林背景相协调，增添了一种真实感。前景中占主导的植物团块是羽状一枝黄花（*Solidago juncea*），而北美小须芒草（*Schizachyrium scoparium*）和弗吉尼亚须芒草（*Andropogon virginicus*）则在中景中非常醒目地成团。

左上　就算是柳叶马利筋（*Asclepias tuberosa*）色彩鲜艳的橙色花朵，也无法使夏天草地明亮的绿色显得黯淡。
右上　泽兰属植物在这片草地中体现出了主题性的季节特点。
左下　一年的大部分时间里，金色千里光（*Packera aurea*）都以大量低矮基生叶的形态，紧紧地附着在地面上；但在春天，它们能开出绚丽且花期持久的黄色花朵。

78　基本的分层

　　所有草地原型的视觉本质都是水平线。不像是树木或灌木丛，草地缺乏相应的垂直植被结构。从垂直层面上看，最高的层次主要由较高的草坪草和草本花卉组成。有些案例中会有低矮的灌木，但总的来说它们能和多年生植物混合在一起，因为它们具有相同的植株高度。垂直结构的缺少并不意味着草地植被的稀疏，事实上草地植被种类非常丰富。只要环境适宜，水平结构上的各种植物能浓密到覆盖草地的每一个角落。草地植物群落每平方米的物种比许多森林都多，这是为什么呢？

　　最新的一项研究表明，草原群落的一个水平层面并非只有一种植物，它实际包含了许多基层或亚层。这也就是草地植物群落和世界上其他任何地方的植物群落一样复杂的原因。这些亚层主要分布在紧贴地面和地下根系的区域。和其他的植物群落一样，草地的各个层次都是为了避免多种植物间的互相竞争而产生的生态位动态发展的结果。不同的茎和根系形态使得不同种类的植物能够在彼此的附近生长，并且减少相互的竞争。植物形态以令人震惊的多样性使不同植物可以从不同的土壤深度获得水和养分，

对页　由于土壤水分的细微差异，鸢尾、蒲公英和蒙大拿野决明（*Thermopsis montana*）呈条带状生长在这高山草甸上。

左　甚至在季初，在一大片草原鼠尾粟（*Sporobolus heterolepis*）和白色达利菊（*Dalea candida*）中，有较大基生叶的草原松香草（*Silphium terebinthinaceum*）也会作为结构性植物。

右　即使在冬季，结构性草地植物仍保持其形态。图中，一丛拟美国薄荷（*Monarda fistulosa*）里点缀着一些蛇鞭菊属植物。

也可以从不同的地上高度获得空气和光照。高大的草本植物往往和多年生的地被植物生长在同一个地方。

　　草本植物从地面以上 4 英寸的地方吸收阳光和空气，而多年生地被则从地面以上 1.2 米的地方吸收阳光和空气。根据土壤样本显示，在地表之下也有着同样的形态学多样性。深根系植物的根穿过较浅的须根系植物的根，这让植物能吸收不同深度的土壤水分和养分。

　　这些群落有着不同的分层，但彼此之间并没有非常明确的界限。为了用简单的方式说明这些复杂的结构，并且之后方便将其转换成设计原则，我们将植物群落分成了最适合设计师处理运用的两个层次：可以看到的上层即"设计"层，以及覆盖地面的下层即"功能"层。这些层次并不是根据传统生态学进行分类的结果。在这种分类中，同一层的植物有着不同的适应形态和机制；但我们却将它们这样分层，主要是因为这样最有利于我们的设计。

结构层

　　结构层主要由较高的草本花卉和禾本科草类植物组成。这些植物所在的层次被称为结构层，因为它们和球根花卉或者短生植物不同，它们能在一年中的大部分时光里维持它们的外部形态。它们中的大部分，其茎秆足够坚硬能够越冬，这对于帮助它们过冬是非常重要的。它们构成了植物群落的骨干，例如柳枝稷（*Panicum virgatum*）、蓝刚草（*Sorghastrum nutans*）、丝兰叶刺芹（*Eryngium yuccifolium*）、串叶松香草（*Silphium perfoliatum*）、管状泽兰（*Eutrochium fistulosum*）和大须芒草（*Andropogon gerardii*）。另外一些植物，例如一枝黄花（*Solidago* sp.）或者蛇鞭菊（*Liatris* sp.）虽具

设计层与功能层

草地上部设计层的美丽植物是设计师最熟悉的植物种类，它们常常被用来创造不同色彩和质感的图案。然而，这些设计层的下面才是真正具有较高生态功能的层次。这些下层的植物经常在高大、艳丽的植物之下生长，提供控制水土流失、造土和抑制杂草的生态功能。

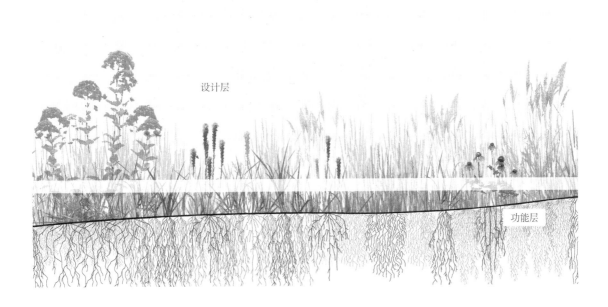

设计层

功能层

结构层

草地植物群落的结构层是由那些明显高于低矮植物的植物种类构成的。

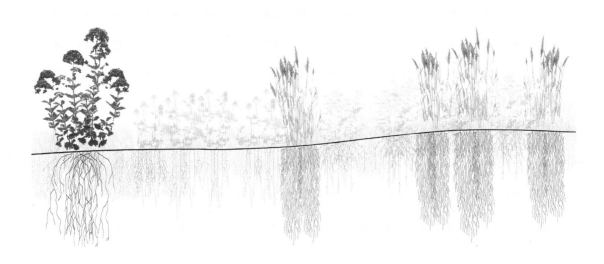

有季节性开花表现，不过更为重要的是它们所具有的结构特性，这使得它们在草地原型中起到了重要的作用。这其中有很多植物有非常强大的竞争力，能够在与其他低矮种类植物的竞争中存活。

管状泽兰（*Eutrochium fistulosum*）、"索士蓝"蓝刚草（*Sorghastrum nutans 'Sioux Blue'*）和美洲决明（*Senna hebecarpa*）（由左至右）都是优良的结构层植物。

它们的茎秆更加厚且硬，这使得它们能够承受更高植物的重量。根据植物间距离的疏密程度，这层植物分成了不同的组。有些植物，例如由黍属（*Panicum sp.*）植物组成独立的团块，而其他像泽兰属植物（*Eutrochium sp.*）则能无性繁殖并能组成更大的团簇，甚至可以形成从远处就能看到的飘带形图案。

这一类寿命较久的组团型多年生植物和草类，是非常有价值的设计元素。它们的可靠性和富有秩序感的外观使它们成为极佳的视觉焦点。当植物组团里的其他植物随着一年的季节交替发生变化时，结构性植物却能始终保持设计的可见性和完整性，而且在接下来的年月中都始终如一。结构性的多年生植物和其他多年生植物一起发芽，它们需要大约几个月的时间来达到它们的最终高度。它们从来不会单独出现在野外单一种植的植物里。就像森林里的树冠一样，结构性多年生植物在其所属植物群落的较低层只具少量的叶片，这能让更低矮的植物直接在它们下面生长，并能遮盖结构性多年生植物低矮的茎秆。

季相主题层

这一层的植物通过花或纹理的方式展示季相主题。这些多年生植物以很大数量出现在草地中，所以当它们开花或者结果的时候，它们能够成为那几周或者那几天草地里的视觉焦点。等到花谢之后，它们就融入了其他的绿色植物中。草地植物群落每年都会经历几个阶段的色彩变化。这些变化有些是有规律的，例如在湿润的草地，每个秋天纽约斑鸠菊（*Vernonia*

泽兰属和一枝黄花属的植物都会在上午的阳光里特别夺目，凸显草甸的季相主题。

奈杰尔·邓尼特（Nigel Dunnett）和萨拉·普赖斯（Sarah Price）在伦敦奥林匹克公园中对欧洲花园的设计，是一种夏季干草草甸模式的时尚演绎版本。图中，滨菊属（*Leucanthemum*）、发草属（*Deschampsia*）和地榆属（*Sanguisorba*）的植物组合体现了戏剧性的季相主题。

noveboracensis）开花的时候，就会有浓重的紫色出现。这些植物的重复出现使得草地的视觉效果更加稳定，也能在保持多样性的同时赋予草地秩序感和辨识性。

　　这层植物的寿命往往很长，包括滨菊属（*Leucanthemum*）、报春花属（*Primula*）、萱草属（*Hemerocallis*）、毛茛属（*Ranunculus*）、金丝桃（*Hypericum*）、

鼠尾草（salvia）和鸢尾（irises）在内的多年生植物。当然这层植物中也会
包括一些观赏草，比如说，发草（*Deschampsia cespitosa*）、北美小须芒草
（*Schizachyrium scoparium*）和分叉须芒草（*Andropogon ternarius*）。一些季
节性的植物开花往往依赖于天气情况，甚至源起于火灾。比方说在干燥的
沙漠里，花菱草（*Eschscholzia californica*）和南非万寿菊（*Gazania*）往往
在罕见的降雨之后开花。

　　在这里值得一提的是设菲尔德大学（University of Sheffield）的奈杰尔·邓
尼特和詹姆斯·希契莫两位教授的研究结果。他们都探索了季节性主题植
物在草地种植中的前景。奈杰尔·邓尼特的概念是通过将一年生植物和其
他多年生植物混种来构造生长季大面积的不同色块，从而得到如画般的草
地。伊丽莎白二世的伦敦奥林匹克公园（Queen Elizabeth II Olympic Park）
里种植的多年生植物，同样依赖于季相主题层的特色来展示一片片绚丽色
彩。这种精心设计的植物混搭传达了鲜明的美学特质，也使得大众更能接
受自然式植物配置。在德国，景观设计师海纳·鲁兹（Heiner Luz）艺术性
地通过季相主题创造了植物在视觉上的冲击效果。

8月至9月期间，一抹纽约斑鸠菊展现出令人惊艳的紫色主题。

对页上　这些植物在一年的不同时期都能形成很好的季相主题：（从左至右）淡紫马利筋（*Asclepias purpurascens*），罂粟葵（*Callirhoe involucrata*），以及白普理美国薄荷（*Monarda bradburiana*）。

季相主题层

在植物群落中，季相主题植物会于一年中的某个时期展现出特定的色彩或质感效果。许多这样的植物都因为它们艳丽的花朵和迷人的叶子成为受人欢迎的园林植物。

地被层

　　这一层的植物从设计的角度来讲具有功能性，因为它们覆盖了地表，防止土壤被侵蚀，并且抑制了野草的生长。在草地植物群落中，这一层次主要由像地毯一样的植物构成，比如说薹草属、金千里光属和堇菜属植物。许多地被植物都有地下茎或者匍匐茎，这让它们能够绕过较高的植物并填补它们能找到的所有的空隙。这一层次的一些植物是豆科植物，例如山蚂蝗属（*Desmodium*）、胡枝子属（*Lespedeza*）和棘豆属（*Oxytropis*），它们具有将空气中的氮元素固定到土壤中的能力。其他的一些地被植物是自播繁

初春时，地被植物层清晰可见。在较高的多年生植物生长成为场地的观赏主角之前，地被层植物不同的质感和色彩是主要的观赏元素。金色千里光（*Packera aurea*）的花朵在随意草（*Physostegia virginiana*）和发草（*Deschampsia cespitosa*）的枝叶间萌芽。

殖的，并且能够填补植物群落内的生态位空缺。正是这些植物的固土能力，使得地被层在设计中尤为重要。

这一层的植物一年当中能够适应不同程度的阳光。在春季和初夏，植物处于全光照环境。每年的下半年，当较高的多年生植物渐渐生长，高于地被层植物的时候，照射到地被植物的光线就会被部分甚至全部遮挡。这些植物可能采用部分休眠的方式来克服夏季和秋季光照缺乏的胁迫。但在这胁迫发生之前它们往往会利用短暂的生长期开花、结果，就如同森林植物群落里的春季短生植物一样。一些地下芽植物，例如无味韭属（*Triteleia*）和番红花属植物（*Crocus*）就属于上述这个类别。它们位于地下的强大营养储藏器官能够确保它们在野外不利的生长环境里存活。

除了球根类花卉之外，这层植物的花朵通常并不繁盛或者艳丽。许多都是禾本科草本植物或者多叶的多年生植物，它们并不能开出非常美丽的花。从设计的角度来说，这并不是个大问题，因为这层植物通常比较低矮不大能够被看到。真正的问题在于，它们中的很多都是市场上不可求的。比方说，坚被灯心草（*Juncus tenuis*）作为一种独特且具有很强适应性的地被植物，若放置在园艺中心的货架上也并不能吸引太多人的注意，这就是为什么这层植物不会经常出现在植物配置当中的原因。人们尝试将这一基本植物层用覆盖物进行替换，但往往以失败告终。

在人工设计的景观中，表层土往往受到高度扰动并被压实，这会导致降水不易渗透和表层土壤流失。地被植物可以很好地打破土壤板结的状况并且可以长久地修复土壤。当每年春天浅根系的植物重新发芽生长，这些植物就会突破板结的土壤，同时还能丰富土壤的有机质含量。

对页上　坚被灯心草（*Juncus tenuis*）、狭叶薹草（*Carex amphibola*）和"金色露水"发草（*Deschampsia cespitosa 'Goldtau'*）（从左至右）是不起眼的地被植物层的三个例子。

地被层

地被植物占据草地植物群落的较低矮层，它们会在任何有足够阳光照射的地面缝隙中生长。它们的根系通常较浅，不会与较高植物的较深根系直接竞争。

动态填充层

    草地是高度动态性和机遇性物种的家园。这些植物不如较高的多年生植物那样富有竞争力，而且这层的草本植物往往寿命更短。它们擅长的是去寻找草地群落中的空隙并占据。一年生植物、二年生植物以及较短寿命的多年生植物都能产生大量的种子，这些种子会在草地里快速播散。一旦有草地裸露出来，这些极具动态性的植物种子就会在此寻找最适宜环境生根发芽。随着它们的生长，它们的种子会被保存在土壤中，并能在未来的很多年内都保有在适宜条件下生长发育的潜能。

89

红花半边莲（*Lobelia cardinalis*）、红衫花（*Ipomopsis rubra*）和花菱草（*Eschscholzia californica*）（从左至右）。动态填料层植物在所有生境中都有出现。半边莲喜欢潮湿的条件，而红衫花（*Ipomopsis*）和花菱草（*Eschscholzia*）则是在干燥的地方茁壮成长。

这些填充性植物在种植初期有很大的作用。它们具有快速生长并且在最初的一两年内开花结果的能力，这能帮助维持新型植物组团而且可以在很快的时间内用预期的植物覆盖整个草地裸露的土壤。当动态化的物种死亡时，缓慢生长但生命长久的多年生植物就可以取代它们的位置。

另一层：时间

草地由具有不同新陈代谢形式和生命周期的植物组成。没有什么植物能够一直存活。有些植物在一年的某个时间内进入休眠，另一些则到达了生命的尽头随之消失了。也就是说，植物在不停地交替演变中，生长空间也不断地被占据和释放。比方说，冷季型植物在早春时节旺盛生长，随着时间的推移，一旦温度升高到一定程度，这些草类植物就会进入夏季休眠。它们的新陈代谢使它们无法在炎热的气温里进行光合作用，夏季休眠则能够帮助它们度过这一不适宜生长的时期。与此同时，同一植物群落里那些新陈代谢适应温暖季节的植物，就占据了它们原本的生态位。暖季型草种能够很好地适应夏季的炎热，填补现有空缺的生态位直到秋季它们的生产循环结束。

通过这种时间分层，草地上不会有空间闲置，土壤也不会裸露出来。这也就是为什么即使是在很小的范围内也会有高度的植物多样性。

事实上，在草地植物群落中，有些植物如果没有它们短期伴生种就无法存活。比方说，金色千里光（*Packera aurea*）会在春季湿润草地的地被植物层出现，一直生长到夏季；并在 6 月末播种后立即进入夏季休眠。如果没有较高的多年生植物在夏季遮挡太阳的光照和热量，金色千里光可能无法在

对页　金防风（*Zizia aurea*）和加拿大耧斗菜（*Aquilegia canadensis*）使这个以苔草为主的种植床凸显生机。加拿大耧斗菜的存活时间虽相对较短，但也很容易进行种子自播，可以伺机填补植物间的缝隙。

91

多层植物

一些草地物种被分为哪几个类别，这取决于它们的同伴和植物群落的总体高度。例如，蛇鞭菊（*Liatris spicata*）可以成为一个 2 英尺高草甸植物群落的结构骨架。然而，它也可以作为季相主题的植物使用：例如，在一个 2.4 米高的草甸植物群落里，高大的大须芒草（*Andropogon gerardii*）和大金光菊（*Rudbeckia maxima*）作为结构元素，而蛇鞭菊创造季相颜色和质感主题。一个植物群落里并非存在所有的植物种类，它们也可能以不同的百分比出现。一些草地植物群落可能只有很少的结构性物种，而且更难让人解读；另一些植物群落则拥有发达的结构性支柱植物，这使它们在冬季能有令人难以置信的作用。

晚春期间的草甸里起视觉主导的植物（左图）最终将被更高的物种覆盖。几个月后，在同一草甸里（右图），澳大利亚赝靛（*Baptisia australis*）和紫露草（*Tradescantia ohiensis*）在三叶金鸡菊（*Coreopsis tripteris*）和串叶松香草（*Silphium perfoliatum*）的遮阴下度过炎热的天气。

对页 金色千里光在高大的泽兰属植物下生长（第一张图）。它们互相创造良好的生长条件：在夏季，高大的泽兰属为金色千里光提供隐蔽；而在冬天，金色千里光覆盖了下面的土壤（第二张图），为泽兰属植物提供保暖。

七八月份干燥的环境条件和强烈的光照下存活。到六月中旬的时候，例如管状泽兰（*Eutrochium fistulosum*）和纽约斑鸠菊（*Vernonia noveboracensis*）等结构性多年生植物开始向更高层生长，为金色千里光等地表植物提供至关重要的遮阴。这两种植物都生长在完全一样的地点，互相之间却没有直接竞争。

为了更好地进行植物种植设计，我们从大自然中汲取的最重要的灵感之一，就是不仅对植物进行空间维度上的分层，还进行时间维度上的分层。通过分层种植，能产生极具功能性的景观。使用高密度、短期性的植物层可以大大减少维护费用。原因是，土壤总是被浓密的植物覆盖，从而能限制杂草的生长空间。除此之外，这一策略还能产生更多的生物量用于污染物和营养物质的截存，促进高密度根系的发展，帮助雨洪处理、加强对土壤流失的控制以及促进土壤功能的完善。通过短期植物层构筑的持续植被覆盖，为各种各样的生物提供了稳定的栖息地、食物和庇护所。

草地设计应避免的问题

我们对典型草地的关注重点主要放在人们喜爱的荒野植物群落的特征上。但当草地不同于这些常态植物群落时，它们就变得不那么让人喜欢了。这些问题值得设计师留意并有所避免，它们包括：

（1）把植物堆得过高。人们喜欢能容易找到方向感的景观，这就使得高度高于视线的草地让人感到害怕，尤其当其位于城市环境中时，这种感觉会加剧。这种过高的草坪只有在远观的时候才被人们接受。改进的办法

93

就是控制居民区或城市公园中以草地为启发的种植设计的高度，采用高度在腰部以下的植物会让其更和谐，更能够让人们接受。

（2）**缺乏视觉趣味**。如果草地的视觉主体是草，那么它看上去可能会很单调、过于空旷和乏味。如果草地里没有花朵或者图案纹理的点缀，人们就会觉得它太过于草地化了。颜色极其重要，所以一定要好好发掘探索季相主题植物层的巨大潜能，这能够给你设计的植物组团带来一年四季不同的色彩变化。

（3）**不和谐的组合**。如果世界各地不同地区的植物互相混合，植物就会产生色彩和质感的碰撞交融，这会导致植物间潜在的美好和谐感荡然无存。尽量不要让草地植物群落之外的其他植物群落里的植物混进草地植物种植设计，不适合草地生境的植物若种植于草地中往往会显得不合群，这就会导致植物组团缺乏内在的联系和一致性。

只有当条件适合时，一些植物才能够生长出现，花菱草（*Eschscholzia californica*）就是这样一种典型的植物。和许多沙漠一年生植物一样，它的种子一直保持休眠，而每年雨季来临时，便会开放出艳丽的花朵，如同泼洒出的颜料般壮观。

林地和灌丛

世界各地的草原和森林间都有林地和灌丛的散布。它们通常由大量的树木组成，其林下的平地上则生长着许多灌木和草本植物。在大陆西海岸的中等纬度地区，在类似地中海气候的影响下，我们能找到更大面积的林地和灌丛典型例子。它们也被叫作丛林、常绿硬叶有刺灌丛、热带高原草原，或灌木丛林地。但相对来说面积小一些的林地往往会出现在内陆地区，包括在大风肆虐地区林木线以上的山地地区。这些景观地区的降雨量远高于沙漠和草地地区，但却低于森林的降雨量。这样的植物群落的主要特征是由不可预测的降雨量决定的，这里的植物能够适应干燥夏季和潮湿冬季的季节循环。

细腻质感的地被层植物已经适应了干燥的土壤和强烈的光照。灌木和乔木通常显示出一致的形态特征，而且都有细长的叶片或针叶。地被层和林冠层具有相同的质感，这使得这一景观原型有了统一性与和谐性。林地和灌丛的植物进化出了许多沙漠植物的适应特点，来帮助它们度过干燥炎热的夏季。例如鼠尾草一类的植物，它们具有细小的针叶状叶片，这是为了更好地储存水分；有些植物的叶片则有蜡状的表层，有些植物的叶片可以反射阳光。这些植物大多是一年生植物，它们在春季降雨后迅速开花并形成种子，然后种子会以休眠的状态度过干燥的夏季。

林地和灌丛的主要识别特征就是它们缺乏统一连贯的林冠层。因为缺少降雨或土壤贫瘠的缘故，林地和灌丛的树木往往会比森林中的树木矮小。土壤和气候的状况有利于林木植被生长和形成，但是外界的干扰很大，不利于永久性森林的形成。火灾很大程度上影响了许多这种生态区域的特点，许多植物进化出了强大的地下根系来适应这些频繁的火灾，例如禾本草类和蒿属植物；或者像冬青叶栎、松树和栓皮栎那样具有厚重的树皮。开敞的林地和灌丛作为动植物的栖息地，具有极丰富的生物种类。这些栖息地有各种各样的光照条件和微气候，它们同时具备林缘和开敞草地的部分生境，这使得景观能为上述两种生态系统中生物的生存繁衍提供环境。

体验

景观原型式的林地将视线清晰可见的低矮草地和提供荫蔽的零散乔木、灌丛结合起来。这种开敞的视觉感往往是非常吸引人。加入低矮灌丛和乔木的话，又增添了一股神秘和复杂的色彩，但植被的大间距和开敞的实质使得这种复杂性不至于让人反感。

在这样的景观里行走会给人一种很有韵律的感觉。散落状镶嵌分布的乔木和灌木给人们创造了一种尺度非常适合的空间。当你穿行在林间的时

95

许多如同稀树草原般的林地，模仿了这些林地上树木、树篱和草坪的生长模式，是设计郊区景观的理想灵感来源。

即使在初冬，林地植物群落的分层性质也很明显，草本植物、灌木和乔木之间的界限十分清晰。

96　候，树木时而如同房间般密闭，时而又打开变得开敞，之后又转换成浓密的灌丛植物空间。这是一种充满了对比的景观空间，时而开敞时而密闭，时而明亮时而阴暗，时而温暖时而阴凉，时而阳光灿烂又时而树荫笼罩。

　　光影变幻非常快，以至于我们的肉眼都一时难以适应。这也就是为什么和森林相比，光照充足的地方给人感觉更明亮，而阴暗的地方给人感觉更暗沉。与如同大教堂穹顶一般的森林空间不同的是，紧密的树丛能创造出与世隔绝般的隐蔽空间，而人们在这种空间里又能有一些开敞的视野看到远处的景色。低矮的树木则给空间增添了私密感和庇护感。

　　和草地整体单一的特征不同的是，林地和灌丛的植被具有非常明显的形式特征。草地的边缘、低矮木本植物团块、紧密的树丛是其显著特征。

通常这些地带的分布反映的是土壤深度或湿度的变化。这些样式特征往往赋予这些景观原型以诗歌般的特质：延绵的草地由灌木丛和树丛的和谐重复提供了视觉框架。这种分层的结构防止了视觉混乱，并使这些景观原型变得清晰。

当代的植物种植设计朝着以草地为灵感的方向迈进，而林地和灌木则 97 是未被发掘的参考类型。作为一种符合人的尺度的植被模式，林地和灌木是较吸引人的景观之一。草原和森林的大尺度，是将这些景观原型转变成城市、郊野范围内小尺度景观的一大难点。而林地和灌木带（尤其是那些临近开敞空间的紧密树丛）能营造出封闭的空间，这很适合在郊区环境进行应用：采用这种景观原型的植物和步道可为开敞草坪提供视觉框架。另一个没有被充分利用的灵感，来自于植被中明显的形式特征。这些样式由草地、灌木和树丛之间截然不同的对比构成。每一层生态系统都是由许多亚层构成的，而这些亚层在视觉上各具特色。

在林地和灌丛也经常有树木聚集，这能营造出开放和封闭的植被变化模式。

98　林地和灌木带的基本层

　　开敞的林地和灌丛不仅有水平的草层植被，还有像树木和灌木这些垂直的元素。这个景观原型有两个视觉主导层次，分别是主要由草本构成的地被层和高一些的成丛的林冠层。后者是由单种植物丛生或者小树、灌木组成。因为林地和灌丛的阴影不如森林的阴影那样厚重，所以即使在茂密的树冠下，植物也能全年生长。植物能够得到更多的光照，这就延长了它们的生长季节，也就是说它们在夏季森林浓密的阴影里能照样生长，而不必采取春季短生植物那样的生存机制。在开放的林地能看到春季短生植物的身影，但它们通常不会大量出现在森林植物群落里。

　　林地地被植物层的植被与草地群落一样复杂。然而，由零散树木和灌木形成的小气候增添了该层植物季相差异的多样性。那些生长在有荫蔽区域的植物通常会比生长在无遮蔽区域的植物更早在春季长出嫩叶。

99　　相比草原形成的大而统一的植物群落，林地中植被斑块的尺度要小很多。例如，在朝北灌木的树荫下，一些荫蔽的地被层植物可能仍然处于休眠状态，而在同一丛灌木的南侧，人们可能会看到春天第一朵娇嫩的花朵正在开放。

乔木、低矮的木本灌木、多年生植物和草本植物在林地的地被层构成了形式分明的区域。在夏季，绿色植被占视觉的主导地位，但在秋季和冬季，不同的植物层次都清晰可见。

长叶松（longleaf pine）稀树草原说明了一个道理，即林冠层的简单性往往是与林地相关联的，并且通过相对较丰富的地被植物层使画面得以平衡。

林冠层

在林冠层内，人们的视觉焦点往往集中在某一小部分植物上，这也就是为什么这片风景会给人以独一无二的奇特感和地方归属感。一些标志性树种的重复出现可能是最能体现林地和灌木带特征的元素。比方说，松树的树冠，会让人想到蛇纹石荒地或火炬松稀树草原，而矮橡树则给人一种置身于山地树林的感觉。

由于茂密森林里林冠层植物间对光照的激烈竞争，所以树木都朝着光线充足的地方生长。在这个过程中，树木会慢慢丧失一些它们独特的生长行为。但是，在开敞的林地，树木和灌木并不是直接被其他相同的植物所包围。它们之间有一定的间隙，这些间隙使得它们不会长成所谓的"狼树"（wolf trees），也就是枝干伸展成为有着奇怪形式和轮廓的大树。想象一下在大风肆虐环境里生长的松林，或是在茂盛的牧场或干草地里生长的一丛巍巍橡树：那是一处由形态各异的乔木和灌木组成的树木园。

木本植物层

100

在许多林地灌丛里，低矮的木本植物就如同草本地被植物一样，起到了覆盖地面的作用。事实上，在这一层中，木本植物和草本植物并没有非常明显的界限，比如分药花属（*Perovskia*）、蒿属（*Artemisia*）和蓝花莸（*Caryopteris*）。这些低矮且无性繁殖的植物既可以被分为草本植物，也可以被分为木本植物。在许多杜鹃科植物群落生长的地方，如荒野、沼泽和泥炭地，那些低矮的木本植物如帚石楠属（*Calluna*）、越橘属（*Vaccinium*）和青姬木属植物（*Andromeda*），会形成密集的植物团块。在一些更干旱的灌丛地带，例如加州的丛林或者葡萄牙填海后生长出的森林，覆盖地面的主要植物种类是矮小的亚灌木：刺柏属（*Juniperus*）、蒿属（*Artemisia*）和迷迭香属（*Rosmarinus*）植物。所有这些植物都是典型的能适应贫瘠土壤和干旱条件的植物。在这层植物中，许多灌木都具有非常深的主根。

101 　　恶劣的场地条件和频繁的火灾塑造了林地植物群落的垂直层次。嫩枝、小树枝和那些尤其靠近地面的枝干，在火灾时会被烧尽。这个过程防止了下层植被过于茂密并保持了林地的通透性。森林火灾烧过的树干都变得焦黑，炭化的树桩在这些景观中随处可见。整个植物群落都渐渐适应了频繁的火灾。火灾后，树木和灌木可能会失去一些它们的枝干，但随后都会重

锯叶棕（Saw palmetto）是这片长叶松植物群落木本植物层里的优势植物。

左　林地草本植物的多样性可以和开阔草原的植物多样性一样丰富。图中，禾本科草本植物、紫菀（asters）、一枝黄花（goldenrod）和马利筋属（milkweed）植物的秋季叶色与后面树木叶片的颜色相呼应。

右　林地冠层的开放性使得草能成为地面的主体。小盼草（*Chasmanthium latifolium*）使这片河滩的贫瘠之地有了密集的植被覆盖。

新发芽。例如，刚松有很厚的树皮，并且能在火灾后从主干长出新枝。草本植物也能从存活的顶端分生组织或者土壤深处的根系长出新叶。还有些植物只能靠地里的种子来延续种族的繁衍。

草本植物层

草本植物层内的植物能适应不同的光照条件，从斑驳的阴影到全光照环境。乔木、灌木下的空间通常被密集的耐荫植物群落占据。草本植物层与草地群落一样，由地被层和较高的结构层组成。结构性的草本花卉和禾本科草本植物仅仅是林地和灌木群落垂直结构的一小部分，占据更多主导地位的垂直元素是乔木和灌木，它们甚至在冬天也会保持景观原型的结构框架。因此，结构性多年生植物和草类植物与较高的木本植物层相比，在视觉上的存在感显得较为单薄。

虽然大部分草本植物层看起来像一个单一的固有表达，然而草本植物层的组成，特别是位于浓密树群的阴影下时，会偶尔发生变化。少数相当阴暗的树荫会造成和森林相似的环境条件，这使得更多的耐阴莎草科植物和多年生植物在此扎根。

102

需要避免的问题

林地之所以如此吸引人，是因为它们有丰富的层次结构，并且不同植物类型之间有清晰的界线，以及开敞空间和封闭空间植被之间的相互作用。一旦这个层次结构消失，林地会看起来更像茂密的灌木丛，封闭并且无法进入。所以说，保持结构清晰是至关重要的。

模糊层

    灌木林和林地也具有引起我们不悦情感的固有内容，这会让我们想起荒废的土地和我们曾经失败的花园项目，甚至往往会让我们回忆起处于过渡时期的风景，尤其是物种高度混合的早期演替景观。这些景观比如将要发展成为到早期林地的杂草丛生的农田，或是被人们遗忘而渐渐荒芜的公园，抑或是被极富侵略性的藤本植物和树木包围的花园。

    当植被高度混合时，林地和灌丛植物群落变得不那么有吸引力。林地由不同高度的物种混合构成，虽然这可能是一件好事，但它也会阻碍人们的视线，使人们对景观的视觉认知产生困惑。当地被层的形式过于复杂时，这个问题显得尤为突出。密集的下层林木被湮没在互相缠绕的藤本植物、过度生长的灌木和小树苗中时，会使我们失去方向感并感到些许恐慌。在任何植物群落里，外来物种都可能成为一个困扰，但在林地里，植被类型的多样性为外来物种提供了一个大范围的栖息地，使它们可以不断扩张，这就徒增了人为的管理甚至需要如同外科手术般激烈的干预。像割草和燃烧这样大规模的措施可以对此有所帮助，但这也可能导致产生更多乔木、灌木的幼苗，最后使得植被变得过高而不够通透。另一种方法是将乔木、灌木和草本植物的层次更清楚地划分成不同的区域，随后将每一层都在垂直层面上与可共生的物种划分在一起。

忍冬（*Lonicera japonica*）、沙枣（*Elaeagnus angustifolia*）和其他侵入性植物密不透风地遍布这片林地，使其植被层次模糊不清。

　　传统的种植技术，比如将大量植物种在一起或重复一些主题性植物可以帮助区别植物分层。这不需要单纯使用单一物种来种植；相反，我们可以采用一种基调树种为主的混合种植。例如，在种有单一低矮灌木的块状区域，仍可以在其下面的空间种植莎草科植物和一些可以覆盖地面的草本花卉，使这些植物组团变得更加多样化且富有韧性。只要各块之间有清晰可见的边缘存在，构图就会清晰地显现出来。可供选择的另一个策略，是大量使用原生林地和灌丛的植物群落配置模式。将不同林地或景观原型里的植物胡乱地进行组合，会使它们看起来像一个人工的大杂烩，这会打破使那些赋予植物群落真实感的颜色和质感形成的微妙平衡。

差劲的空间构成

　　林地和灌丛最令人叹为观止的自然模式是非常均衡的景观案例。在这样的景观中通常有较大比重的高树冠植物、中等高度的灌木和低矮的草本植物。林冠层植物过少会导致种植设计看起来更像是稀树草原而不是林地，并使其比真正的林地更让人感到空旷。太多中等高度的灌木会阻碍人们的视野，使空间给人以混乱的迷宫般的感觉。树木间隔太近或相隔太远，会使植物组团显得太密或太稀疏，所以清晰的空间组织是解决问题的关键。这可能需要细心组合现有植物，尤其是中等高度的植物层，以达到有效组织视线和架构可用花园空间的目的。

高大的树冠、没有灌木层和复杂的草本地面植被层，使得这个开敞的森林非常吸引人。

105 森林

森林是这个星球上物种最丰富且最具生态复杂性的生物群落系统。它们覆盖了大面积的温带地区，包括北美东部、欧洲的大部分和大面积的亚洲。只要土壤足够深、外界干扰频率低，森林生态系统就会兴盛发展。森林的表达形式多种多样，包括北半球的常绿阔叶林、中纬度地区的落叶阔叶林和赤道地带的热带森林；它们的高度不等，从低矮的沿海灌木丛到高耸的红杉林；有的生长在沼泽中，有的生长在干燥的土壤中；也有着不同的寿命，从几十年到几千年不等。

森林是由具有不同耐阴性植物混合而成的一个植物群落集合。森林不同于林地的地方在于，它们通常有一个稳定的常绿或落叶的树冠，这些树冠在地面上投下阴影。然而，林地中的树冠通常相距甚远，而森林中的树木相互接触，在地面上形成绿荫。森林的遮阴程度因林冠和年份的不同而不同，从而形成了不同森林不同程度的遮阴密度。如果一片森林是落叶树种组成，它的投影在一年中就会发生很大的变化：秋季阴影开始逐渐减小，而晚春则开始慢慢变大。一些临时的树冠开口（由土壤异常、风或疾病引起）使更多的光线能到达森林的地面。这就使得不那么耐阴的植物群落能在原本阴暗的环境中茂密生长，从而增加了生境多样性和物种多样性。树冠开口类似于剧院舞台上的聚光灯，可以成为强大的设计工具。一缕光线穿透树冠照亮了一小块蕨类植物，这就创造了一个戏剧性的明暗效果。

对森林的体验

森林唤起了看似矛盾的感情，证明了它们的复杂含义能使它们引起人们的情感共鸣。森林经常在我们古代神话、童话甚至现代小说中作为背景出现。它们是仁慈的仙女和邪恶的巫婆的家，是人们的庇护所，同时也是非常危险的地方。它们让人感到既熟悉又神秘，滋养着生命的同时又预兆着凶险。我们投射到森林的截然不同的情感可能是我们对不同空间状况的反映。浓密的灌木丛让我们觉得无法进入并充满着危险，而更加开放的树林可能让我们觉得比较神圣。对某些树或树林的崇拜在很多文化中都是普遍存在的，这也就证明了森林植物群落对人们有经久不衰的吸引力。

是什么使得一些森林有吸引力，而另一些森林则让人觉得有危险呢？我们偏好这样的林地：下层植被的植物数量较少，并且树干之间有很宽的间距。我们看上去觉得舒服的森林通常都是开阔的，而且里面高大的树木形成了如同大教堂般的顶面。

灌木和乔木树苗很少能遮挡这样的视线。森林的地面覆盖着苔藓、茂

开敞森林的本质是通过树木的重复和森林地被植物层来传达的。在这一片林间空地上，桦树和宾树薹草（*Carex pensylvanica*）形成一个像房间一样的空间。

密的地被植物，有时甚至是刚刚落下的厚厚一层叶子。这些森林对人们来说在行走时能很好地分辨方向，而且人们在树冠下能有开阔的视野。调查显示，和年轻的树木样本相比，几乎所有的人都喜爱冠幅更大、树龄更大的树木，这也许是一种进化带来的与生俱来的价值观，大树可以作为我们的庇护所，也可以是木材或营养的来源。

　　森林景观原型创造出一个光线暗淡的荫蔽氛围，并伴随着一个给我们许多积极影响的独特小气候。浓密的树冠阻挡了风和太阳，这使森林小气候在夏天更凉爽，在冬天不那么寒冷。森林生态系统能令我们深呼吸，放缓我们的心率。空气被森林植被过滤之后，散发出苔藓和泥土的气味。并非偶然的是，历史上一些疗愈花园正是受到了开阔的森林的启发。同样并非巧合的是，雪松、杉树和雪松的醚类精油被用于浴盐、芳香疗法和按摩油。除了它的治疗作用外，在开阔的森林里徒步旅行也能使我们的感官更加敏锐、注意力更加集中。我们能听到远处的鸟鸣声，树枝在风中的摇曳声，脚踩在树叶上的沙沙作响声。在一场及时的暴雨之后，我们能闻到苔藓、真菌和蕨类植物的气味。在秋高气爽的日子里，我们能看到树叶层林尽染如同烟火般灿烂。这种感觉在当今快节奏的世界中太过缺乏，这是一种沉浸在更原始的自我体验中，与自然融合的感官盛宴。

106

107　森林的基本层

　　垂直的线形是森林的特点。进入森林后，我们的视线会不自觉地从树和灌木的底部沿着这些线条望到森林的树冠。透过这片树冠的缝隙能看到小块的天空，但在夏天这些缝隙也常常被闪亮的绿叶完全遮盖。森林比上面提到的任何一个景观原型都有更高的高度，因此植物层的多样性也最为丰富。森林不只是单独一棵棵树的堆积。我们对森林中植物间相互联系的方式才理解甚少。它们彼此形成群落，通过菌根真菌网供给幼苗营养，并与其他物种进行化学对抗。

封闭的林冠层

　　树木为争夺光照，它们尽可能笔直向上地快速生长，从而形成林冠层。一旦它们达到了树冠高度，它们就横向伸展开来，以便最大可能多地铺展它们的叶子，利用尽可能多的光照。林冠层的树木几乎没有下部枝干，其叶多数都生长在顶部。在易火生态系统中，大乔木有着厚厚的树皮来保护自己免受低热地面火灾的侵蚀。许多树不定期地结果实，以降低所有的种子被掠食者吃掉或被极端环境条件破坏的风险。

　　树冠通常被称为天花板，因为它的确在很多方面起到了天花板的作用。
108　它不仅控制了光线的通过，也控制了空气的流动。树木为了适应不同的光照水平，在幼年期生长出较细长且耐阴的叶片以适应森林地底层的阴暗

糖槭（*Acer saccharum*）在春天长出来的新叶。

加拿大紫荆（*Cercis canadensis*）在铁杉森林的边缘形成了一个季相主题层。稀疏的林下植物层营造出视平线高度的开敞感，使森林这样的原始形态非常吸引人。

环境；它们长高之后就会长出更宽、蜡质层更厚、耐日晒的叶片来适应光照充足的环境。

斑块状或不完整的林下植被层和灌木层

在茂密的林冠下，我们发现了稀疏开阔的森林下层植被层。它由零散的一团团耐阴灌木和小乔木，以及年轻的大乔木幼苗组成。为了在有限的光照条件下生长，这些植物调整自己的季节性生长周期，使其与林冠层树木落叶时产生的光线周期相吻合。它们生长在离地面更近的区域，因此能得到更多的庇护从而免受霜冻。由于这种庇护，林下灌木和树木可以在林冠层树木前开花并长出树叶，例如北美山胡椒（*Lindera benzoin*）。

比林冠层的橡树、枫树和白蜡树先长出叶片，这样它就能利用太阳光在生长季早期节开花结果。在阴凉的夏季，山胡椒和许多其他植物利用树荫间透过的一点点光照为它们的叶子添加大量的叶绿素。这使得它们的叶子呈现出非常暗的绿色，这有助于维持它们在低光环境下的生长。 109

林下植被层不受风和阳光的侵扰，因此湿度通常比林冠层高很多，浓密树荫和高湿度环境的结合往往导致植物的叶片较大。这种现象最显著的例子之一是泡桐（*Paulownia tomentosa*）的叶子。幼年期，泡桐叶片的直径可以长到41cm；然而到了成熟期，其林冠层树木叶子的直径只有15cm。这种适应策略对林冠植物至关重要。它们为了在地被植物层和林下植被层生存，幼年期的时候必须非常耐阴。它们在那里等到一棵林冠层的树倒下，然后一个缺口出现，光线照射进来，然而这个过程可能要等很多年。在此之前，小树苗的生长环境存在着许多危险：被鹿啃食、被火烧毁，或是被雪、冰和掉落的树枝折断。它们在外界干扰后重新发芽的能力是成功生存的秘诀。

北美红栎（*Quercus rubra*）的幼苗虽然只有几英寸高，但它可能已经生长了几十年并且有庞大的根系。一旦有林冠层的树木倒下，充足的阳光 110

93

照射进来，小栎树苗就朝着光源迅速生长。它生长多年的深根系统使得它在赢得森林冠层的竞赛中能有极大的优势。

草本地被植物层

也许森林原型里最引人注目的元素是它们的地被植物层。我们会沉醉于欣赏多姿多彩的球根花卉和春季短生植物的组合，而忘了这块自然栖息地蕴含多少残酷的竞争。为了在浓密的树荫下生存，并与具有庞大根系的树木进行竞争，地被层植物进化后具有了惊人的形态适应性和生命周期适应性。为了生存，草本植物变成时间利用上的专家。像林下植物、春季短生植物在林冠层闭合形成树荫之前，就长出了叶子并完成开花。典型的森林原型以它们密集如地毯般的春季短生植物而闻名，它们在初春到春末这段时间里开花，形成大面积的花毯，如弗吉尼亚风铃草（*Mertensia virginica*）、延龄草（*Trillium grandiflorum*）和北美桃儿七（*Podophyllum peltatum*）。大型地下储藏器官使这种生命周期成为可能。春天具有地下芽的植物，如猪牙花属、番红花属和水仙属植物都具有鳞茎，这些鳞茎能储藏大量的养分用以度过长时间的休眠和第二年春天的再次萌发。春季短生植物在早春过后就完成了它们的生命周期，随后就彻底进入休眠状态。

地被植物层也包括只在夏季进行部分休眠的植物。就像春季短生植物，它们的主要生长季节只在春天。然而，在它们完成开花结果后，它们的叶片仍然存在，直到霜冻才消失。匍匐福禄考（*Phlox stolonifera*）和斑点老

林地的多年生植物高度较低，这让人一眼看去觉得它们很容易地融合在一起。如图，加拿大细辛（*Asarum canadense*）与泡沫花（*Tiarella cordifolia*）相融合。

左上 在橡树底部的地表，一大片延龄草（*trillium*）铺展得密密麻麻，较高的北美桃儿七从中生长出来。

左下 草本植物层本身富含不同形态的植物。如图，盾叶鬼臼同其他短生植物混合生长在一起，比如弗吉尼亚风铃草（*Mertensia virginica*）、轮叶碎米荠（*Cardamine concatenata*）和延龄草。

右上 乡土富贵草（*Pachysandra procumbens*）采用保守的生长方式，它注重在有限的光照条件下慢慢扩展生长。

右下 草茱萸（*Cornus canadensis*）是一种生长在湿润的酸性土壤中的灌木地被植物。

鹳草（*Geranium maculatum*）是使用这一生存机制的完美例子。它们的叶子宽阔而且颜色深绿，这种叶片形态使它们能够在浓密树荫下进行光合作用，并为即将到来的生长季积蓄必要的能量，它们能维持植物在整个夏季和早秋的生长所需。

第三种生命周期适应策略是节制生长，比如枝状石松（*Lycopodium dendroideum*），圣诞耳蕨（*Polystichum acrostichoides*）和山月桂（*Kalmia latifolia*）都十分适合阴暗的环境。它们的叶子含有大量的叶绿素，这使它们能在很浓密的树荫下进行光合作用。不同于每一季都长出新叶子的植物，采用这种生存策略的植物大多是常绿的，这使得它们可以节省能量和宝贵的资源。

地被植物层的植物受到来自树木浅根系统的强烈竞争压力。有些草本植物通过长出更浅的根系来避免这种竞争。它们主要是在腐殖质层（凋落叶和树根之间的表土）长出根系。白花酢浆草（*Oxalis acetosella*）的根形态即是这种适应策略的很好例子。

112

另一层次：时间

　　落叶森林中低矮植物层的环境条件在一年中随着四季交替而显著变化。在春季全日照下茂盛生长的植物往往不能忍受夏天浓密的荫蔽。直到秋天或者第二年春天树冠变得通透之前，春季短生植物远不如那些覆盖地表的蕨类、莎草类等耐阴植物生长得好，它们能赶在次年春季或秋季林冠变得更通透之前出现并覆盖土壤。植物的时间序列是稳定植物群落的基本要素，它提供了恒定的栖息地、生态系统功能，以及一层招人喜爱的地被植物。有趣的是，即使在这样困难的条件下，健康森林中的土壤也几乎总是被植物覆盖着。事实上，光照条件的多样性增加了森林中植物种类的多样性。

　　森林原型有令人惊叹的季节色彩变化。从早春一片密集的春季短生植物开始，森林通常就早早地焕发出春天的色彩，远比该地区的霜冻日还要早。

　　夏季的森林以绿色为主，花比较罕见，因为喜阴的蕨类植物和莎草类植物覆盖了地面。秋天是属于紫菀（asters）、一枝黄花（goldenrods）和林地向日葵等植物的舞台。而到了冬天，地面被落叶覆盖，只留下常绿的蕨类植物和莎草类植物裹着冬装。

多年生林地植物非常善于掌握时间。例如图中的蓝色 福 禄 考（Phlox divaricata）和延龄草，春季开花后会在炎热的夏季进入休眠状态；又有些像图中靠后的圣诞耳蕨（Polystichum acrostichoides），一年四季都能看到它。

113

茂密、无法通行的植被使沿海森林缺乏吸引力。中层的位于视平线高度的优势植被由于凌乱生长而侵蚀了空间，使景观缺乏清晰度。

需要避免的问题

　　茂盛缠绕的灌木丛、曲折蜿蜒的小径，以及密不透风的藤蔓都会给人以不安感。为了取得理想的种植设计效果，我们必须了解是什么让人们对森林感到恐惧和缺乏吸引力。

被阻挡的视野

　　森林茂密的林下植被层会阻挡人们的视野，并使人难以通行。当森林中的地面被浓密的灌木和藤本植物入侵时，该种植物群落无论在生态上的效益，还是视觉上的效果都削弱了。多花蔷薇（*Rosa multiflora*）和忍冬（*Lonicera japonica*）可以将开敞的森林转变成茂盛得密不透风的绿色丛林。受人为干扰及早期森林的林冠层密度较小，这使更多的阳光能到达地面，因此这样的森林更容易受到地面植被的影响。当森林的林冠层密度足够大，达到能遮蔽不必要的地被植物之后，人为的管理是必要的。一些茂密的林下植被需要进行人工修剪疏化或火烧，从而恢复一座开敞的森林原型的生态健康和感官特征。

缺失的植物层次

　　只有当森林具备所有的元素时，森林才能实现稳定。然而，环境问题和设计失误常常导致森林植物群落中缺少层次。例如，过度繁衍的鹿群会

114

耗尽地被植物层和林下植被层，从而导致树木幼苗的缺失，继而可以中断下一代林冠层树木的形成。另一个问题是，地被植物层植物种类太少会造成植物间的缝隙和土壤的裸露，这就为那些能躲避鹿群取食的外来物种提供了很好的入侵机会。

混合来自不同原生环境的植物

将来自不同森林类型的植物进行组合，创造出的只会是缺乏森林原型和谐感的植物组团。如果树木的视觉差异太大，它们就不可能形成和谐的森林林冠层。甚至我们许多所谓的天然森林也是经过人工种植或改良的。在许多情况下，为了木材生产而种植的树木会与自然出苗的树木一同生长。例如，人工种植的云杉（spruces）、松树（pines）和橡树（oaks）经常与自然形成的山核桃树（hickories）、多花蓝果树（black gums）和樱桃树（cherries）混合生长在一起，而它们在自然状况下可能并不会生长到一起。城市公园往往是更夸张的例子，看起来和感觉上都完全是人造的植被了。

边缘

我们上述涉及的三个典型景观的边缘都有它们自己优美而独特的模式。虽然边缘不是一个具体的景观类型，但由于其在城市和郊区分布广泛，因此值得我们去关注。有的边缘是自然生长的，有的是由于干扰而产生的。我们想强调的是自然产生的边缘的模式、层次和深度，而不是由人类创造的生硬景观边缘。

在许多方面，城市和郊区的自然区域是主要的边缘景观。我们大量使用土地，使得自然区域变成一个由直线条组成的巨大网络：树木是呈窄条状排列的，林下灌木沿着排水渠生长，草本植物带沿着停车场边缘生长。这些自然区域并没有太多的深度。例如，草原和森林之间的动态相互作用，往往取决于是否有足够的空间来维持一定数量的植物种群。而延龄草（trilliums）往往只能在森林的深处被发现。植物群落变得越窄，它们的种类和行为就越受边缘动态的影响。

边缘是场地条件变化的结果。有些变化是自然形成的，如湖泊的旁边有着森林，或是林界线以外树木开始渐渐稀疏。其他的则是人为造成的，如与森林接壤的农田。在野外，环境条件很少会突然发生变化，而更多的是逐渐从一种类型过渡到另一种类型。

115　　　例如，延伸向水边的土壤的湿度是有一个梯度变化的：在湖泊边缘处的土壤，其中的水分是完全饱和的；但沿着河岸升高，那里的土壤是湿润的；而到更高的地方，土壤就变得干燥了。这也就意味着，草本植物群落的边缘实际上由水面慢慢过渡到一个干燥的草甸。

自然群落的边界从宽阔变得逐渐缩小，高度上的变化使其逐渐从一个景观类型过渡到另一个景观类型。

另一个例子是林地的边缘：火灾或一些突发事件可能会扰乱森林群落，如今一片草地生长的地方，可能曾经是一片树木繁盛的地方。边缘可以是稳定的也可以是不断变化的。如果允许它们继续演替，林地内的草本空地可能最终会恢复成原来树木葱郁的样子。稳定的边缘原型通常出现在人造建筑物（例如高速公路和高尔夫球场）的旁边，或是出现在自然景观中的天然障碍里，例如湖泊或岩石地层。

边缘原型是来自不同景观的植物重叠的地方。这使得边缘处物种多样性很高。例如，草地物种经常伸展到林地和林地灌木的明亮边缘，并且通常把种子播撒到草地的边缘。在森林的边缘看到本应生长在森林深处的短生植物是很寻常的事情，比如北美桃儿七和缬毛荷包牡丹。事实上，许多物种能在边缘植物群落里蓬勃生长，这是边缘原型特别有价值的一点，值得我们好好进行管理。

116　　　　一个发育良好的边缘包含在相邻两个景观之间高度过渡的植物。这种动态的成因主要是植物对于光照的竞争。较低的物种逐渐上升到最高点，在不同的植物群落之间形成一个羽状边缘。重要的是，这种温和的羽状边缘会产生一个稳定的"封闭"边缘，保护生态系统内部免受可能具有威胁的外界干扰。这种植物的羽状边缘在人工建造的景观里不常出现。我们希望最大限度地利用空间，导致产生了生硬的、较窄的边缘，这些边缘会经常使部分景观直接暴露在阳光中和裸露的土壤上，然而这部分景观却不能适应这些环境条件。想想那些为了给公路和新的房地产开发让出空间的森林。在建造完成后，新的基础设施通常被那些森林锋利的、不稳定的边缘所包围。森林内部树木高高的裸露的树干与草坪和停车场生硬地交接。这些从来没有暴露在紫外线下的树干现在正直接暴露在完全的太阳光照下。

117　　　　因此，许多入侵物种在这些边缘区域蔓延。当割草机沿着道路的两旁进行作业的同时，也在散播一些植物的种子，比如葱芥（*Alliaria petiolata*）和柔枝莠竹（*Microstegium vimineum*），然后入侵植物就从这些边缘区域开始侵入森林的林下植被层。所以，与更稳定的景观内部区域相比，边缘需要我们的更多关注和管理投入。

这片灌丛地的边缘地带，植被向外逐渐变得低矮，最后变成草地和沙滩。

沿着这条边缘，橡树逐渐变得稀疏，像羽毛般最终过渡到一片开阔的草地。

边缘往往非常不稳定，但对种植设计来说潜力是巨大的。通过添加植物层次来模拟稳定自然羽化边缘，使边缘得到强化，从而让边缘更加稳定和自然，也更能唤起人们的情感，使其感觉更加真实。而经过精心设计的边缘，能提高并稳定微气候和植物的生长环境。这样的边缘创造了更健康、更具韧性的植物群落，从而降低了管理成本。它们也极大地造福了与我们共享这个星球的其他生物。

草地的边缘   118

最具吸引力的草地边缘通常是整齐而又低矮的。但如果与湖泊或河流相接壤时，它们在视觉上就可能是突兀的，并只有几英尺宽。而其他边缘区域的植物逐渐减少，并在高度上发生变化。这通常是由越来越荒凉的土壤造成的，由于其缺乏水分和营养或者含盐量过高，会导致植物发育不良并变得矮小。例如，草甸植物群落常常逐渐退化为裸露的岩石或海岸沙丘。

并不是所有草地的边缘区域都一样吸引人。有些草原边缘的植物高大得像一堵墙，划分不同的景观区域。例如，生长在水岸边的 8 英尺高的芦苇（common reed）丛，或是雨洪池塘和停车场交界处的一片柳枝稷（*Panicum*

当土壤够深时，露出地表之上的岩石也会有草本植物生长。如图，皮德蒙特高原的露岩上，正呈现着一年一度极具地方特色的景色，波特向日葵（*Helianthus porteri*）在初秋绽放。

virgatum），这些如同墙体般的植物群对人们来说是不具有吸引力的。事实上，这些禾本科植物的直立形态是为了适应环境，从而使中心区域的植物能更好地吸收阳光。

　　高大的植被并不只是草地景观原型到其他景观原型的过渡，在更多时候，它是不同景观间的屏障。在野外，生长在边缘区域的草类植物和草本花卉比起生长在草甸中央区域的同类植物而言，有更接近地面的叶子。许多边缘区域的植物有生长成优雅拱形形态的习性，这使得它们能够比直立的草更充分地覆盖裸露的地面，也使它们成为理想的边缘植物。这些都是优秀的框架植物，可以在日后的设计过程中进行使用，创建种植有秩序的植物边界。

林地和森林的边缘

　　当林地或森林与池塘或草地接壤时，会产生独特的边缘群落。树木和灌木不仅向上长到林冠层里，也会横向往水面或草地的开敞空间处生长。

119

比起生长在森林或林地中心区域的树木，树木的位置越是趋于群落边缘，它们的体量就越小。边缘树木暴露在风中，且接受来自侧面的大量阳光照射，这是植株生长较矮的原因。灌木是林地和森林边缘地带的一个特别重要的部分。演替早期植物种类如涩石楠属（*Aronia*）、山茱萸属（*Cornus*）、杨梅属（*Myrica*）、柳菀属（*Baccharis*）、桤叶树属（*Clethra*）和檫木属（*Sassafras*）植物为许多动物提供了能建筑巢穴的茂密植被，并为它们供应了食物。林地的边缘地带生长了许多绚丽的具有较大花朵的草本植物，如紫松果菊（*Echinacea purpurea*）和林地向日葵（*Helianthus divaricatus*）。它们通常朝向光线生长，给森林边缘群落增添了颇有趣味的动态。这些植物似乎想远离荫蔽处，进入开敞的环境生长。令人不适的林地边缘往往植被密集，且长有许多荆棘（brambles）、有毒藤蔓（poison ivy）、藤本（vines）植物，以及入侵物种比如野蔷薇（multiflora rose）。这些区域的植被是如此茂密，以至于人们只能瞥见树林或草地的几隅。

因为边缘区域对于建筑景观来说是无处不在的，所以它们有巨大的设计潜力。联结和扩展这些碎片化的区域可以大大增加它们的美学价值和生态功能。例如，林地边缘的狭长条状地带可以与更大的林地相连接。这些边缘也可以作为开发地块之间的缓冲区。它们提供了视觉和噪声的阻隔，并有过滤雨水和污染物的作用。

······

景观原型，是对实际植物群落和我们对这些群落的情感感知这两者之间交集的一种理解方式。更仔细地去观察一些植物群落层次最丰富的景观，我们可以提炼出这些生态系统的本质，将它们的视觉层和生态层合并成一个单一而又通用的表达方式。这种简化并不是意味着减少自然界中植物群落的真实复杂性和无限变化性。事实上，创造基于景观原型的区域变型是我们的目标，这种变型能够真实反映当地植物群落的特色。所以，为了做到这一点，我们首先必须要提炼并强化设计师所能使用的基本植物层，使这些原型在城市和郊区的景观中发挥作用。

第四章
设计过程

伟大的种植设计是三种关系和谐互动的结果:(1)植物与场地;
(2)植物与人;(3)植物与植物。

第一种关系描述了植物与场地之间根深蒂固的关联。当植物融入环境时会放大其所有的特质。在山石缝隙中生长的一丛蕨类植物,展示了原石缓慢演变成土壤的过程。同样重要的是植物的吸引力和迷人性。如同所有伟大的季节性时刻一样,森林地面上喷薄而出的延龄草和泡沫花,令人感到赏心悦目,心旷神怡。正是植物之间的伙伴关系赋予花园无限的潜力。多年生植物顶端种子的黑色剪影与雾草互相衬托,当植物与合适的同伴一起配植时,效果远远超出两者简单的叠加。

尊重三个基本关系

像许多事情一样,缺乏活力的种植往往是关系失衡的结果。例如,传统的景观注重将人与植物相关联,而忽略了环境。商业建筑前区大量使用了黄绿色和紫红色叶片的灌木,每种植物的色彩都令人愉悦,然而反差较大的灌木令人眼花缭乱。相反,生态种植侧重于植物与场地的关系,有时甚至以牺牲观赏价值为代价。你可能偶然看见了学校庭院中蝴蝶园的指示牌,上面解释了乡土植物的好处,但你想知道的只是这个蝴蝶园到底在哪里。

我们的方法尊重并平衡了三种关系。从理解植物与场地的关联开始,发展了一个简便的流程用于观察和场地分析。流程的目标是将场地转变成它的原型形态,提供植物与情感体验相连的灵感。下一步是发展植物与人相关联的设计框架,围绕混合种植提供的结构性框架,有助于关联城市与郊区的环境。最后,依据植物之间的关系,将它们精心地分层到不同的生态位,形成具有最高生态价值的真正的功能性群落。

在详细介绍之前,有几点需要指出。首先,我们创造了一个简化的流程,以便所有人使用。这里分享的方法并非盲目遵从的狭隘公式,而是鼓励创造性

对页 优秀的种植设计超越了空间和环境的限制。夏洛特·罗在切尔西花展上设计的小花园,纪念了在一战中伤痕累累的土地上,大自然如何使景观获得重生。

105

虽然不是自然形成的组合，但是棕榈叶薹草和蜂斗菜的栖息地相似并且形态互补，可以很好地配植在一起。甚至从非专业角度，也能看出来它们体现出来的和谐与真实。

和个性化的开放过程。你会发现这里没有严格的规定，没有千篇一律的植物清单以及风格要求，相反是基于设计师创造力的方法。我们希望它可以因不同的实践者而引发众多不同的风格。其次，创建人工植物群落需要设计师深思熟虑。我们相信这个简化的流程可以传授和掌握，但是要想成功，设计师必须了解场地，明确植物色彩，进行合理种植和维护。没有捷径，没有快捷简单的植物清单和组合。因为，在大多数园艺文献中呈现的植物列表，往往在特定区域范围之外不能应用。我们所追求的更高目标是将植物与场地进行合理配置，使之完美和谐。它要求因地制宜的设计方案，而不是按编号进行的种植。但是这种努力值得去做。在气候变化的时代，种植设计对设计师的要求比以往更高。掌握这个程序将会让你的植物设计更丰富，更有层次，更有韧性。

"杜威蓝"苦黍、宿根福禄考"大卫"、紫松果菊和无毛翠竹来自不同的栖息地，有着不同的叶子颜色和纹理，使得这个组合看起来不自然。

这些草甸植物来自相似的栖息地，在颜色和纹理上都很匹配。然而，糟糕的设计组合使得它们看起来杂乱无章。

在冬季，景观更容易被辨别，原型也更清晰可见。散布在雪地上的树木使人回想起开阔的林地，而背景中密集的树木则象征着森林的原型。

124 ## 关联植物与场地

　　成功的种植设计始于对场地的宏观了解。这个过程从了解周围环境开始：场地位于何处？周围有什么景观？是否位于因开发而被清除的森林边缘？是否被开阔的田野所包围？还是位于巨大的郊区林地中央？更宏观的定位应该是首要考虑的内容，它有助于阐明哪种原型设计目标感觉真实，并且与周围的景观协调。例如，如果住宅项目场地由茂密的阔叶林构成，场地将会成为令人惊叹的设计，使森林或林地的品质更加耀眼夺目。

　　如果你对于场地的宏观背景有所了解，就可以自由探索场地的特征以及隐藏其中的原型景观。这个过程犹如雕塑家在一块大理石中探寻尚待揭示的艺术形象。完成关键的第一步之后，才能确定硬质景观材料、植物选择和组合。如果跳过这个步骤，或者在详细设计之前未能全面地理解场地，几乎总会引发毫无重点又凌乱的设计。

125 　　退后一步，透过凌乱透视景观的本质，这个技巧可以被习得并完善。必须移除的景观元素不需要考虑，它们包括入侵植物、不安全的树木、损坏的墙或栅栏。场地分析应该以最有可能转变为未来景观设计的元素为基

发现隐藏在场地中的景观原型并不容易。比如这片草地和森林的边缘，需要忽略让人分心的细节，关注基本的形态。结构清晰的景观极具吸引力，需要在设计过程中将这个想法保留下来。

础。不要被细节引入歧途，诸如颜色鲜艳的花朵、现存的小路和花园装饰物。让人分心的事物很多，只有专注于场地的真实特征，才会做出正确的设计选择。

最终目标是确定场地需要什么样的原型景观。尽管小型的城市空间不会真正成为草地、林地或森林，但在外观和功能上可以更接近它们的精华版本。根据景观原型理解场地，可以帮助你恰当地确定植物色彩，也许更重要的是，创造出一个与自然愉快共鸣的空间。

分析前的探索

理解场地是至关重要的，但是我们想要强调的分析方法，不同于以往景观设计师所提倡的那些方法。至今人们仍以充满敬意的语气在全球各地的景观院校教授场地分析，尤其是景观设计师麦克哈格在 20 世纪 70 年代创建的以自然与人工系统为代表的场地分析方法。它侧重于对地形、水文、土壤，甚至植物群落的地表调查。汇编生态清单来理解场地的想法当然是正确的。毕竟，每个组成要素都是场地宏大叙事的一部分。但是在实践中，许多景观设计师缺乏时间和科学的严谨性去进行有效的分析。即使做得很好，分析结果也很难转化成清晰的设计方向。这种数据驱动的过程使得场地简化为琐碎的事实，这些事实几乎与场地的特征、情感和品质毫无关系，而这些正是设计师们要尽力提升的品质。

我们不想贬低科学分析场地的重要性。在许多方面，数据收集将是未来大尺度景观设计的发展方向。但是，我们想强调场地的品质体验，而不仅仅是场地的定量分析。毕竟，伟大的种植设计应该使人感到高兴和愉悦，而不仅仅只满足实用目的。我们的出发点强调了另一种调查——基于更多艺术探索的调查。我们很容易观察到需要了解的大部分场地信息。每个场地都蕴含着一系列的自然系统，随着时间推移叠加了人类数百年的侵蚀、修改和建设。最重要的元素往往也是最明显的元素。陡峭的山坡隐藏着成百上千的信息，从冰川运动到场地排水，以及各种原生植物。每块岩石都是地质和侵蚀的象征；每一丛树木都是土壤系统的见证；每个影子都是太阳轨迹的地图。我们不需要通过实验室或电脑来了解场地。我们需要的是亲自到室外行走。

要理解场地信息，必须先学习如何探索和观察。首先是漫无目的地行走，跟随一切吸引你注意力的事物。这种间接的关注使我们对场地的直觉反应更加清晰。你被什么所吸引？你如何在场地中移动？什么使你感觉到不适？这些情感反应跟智力分析一样重要，它们往往揭示了景观的特征。就像神杖指引一样，某些场地要素在召唤我们，其他的则把我们推开。如果某个远景或者围合空间吸引你，它们可能会成为设计最终选择的焦点。如果地被藤蔓令人不悦，它可能就要被清除。越清楚地辨别什么吸引我们，什么排斥我们，我们就越容易区分什么应该留下，什么可以离开。

场地中的自由漫步提供了另一个礼物：复活休眠的基因或心理特征的能力，这种能力帮助我们的祖先在野外得以生存。例如，对蛇和高地的恐惧并不是后天习得的，而是生物对环境威胁的本能反应。相反，我们被隐蔽的海岬或花所吸引，可能是对安全或繁殖能力的反应。在现代大部分的景观设计中，鲜少有事物可以威胁或支撑我们，至少在原始意义上是这样，127 但是有的设计师对激发情感反应感兴趣，这些线索对他们来说仍然很有价值。最能引发强烈心理反应的场地部分必须加以关注，甚至诱发消极反应的场地也值得挖掘。原有浓密的灌木丛可以用来铺成小路，引导人们通向阳光明媚的低矮草地。因此，没有必要清除场地上所有的消极元素。事实上，强化某些元素可以创造出更有吸引力的景观。大多数的传统景观似乎都在致力于追寻一种温和的愉悦感，这种愉悦感很美，但最终却很无趣。设计的目标是引人入胜，而最引人入胜的空间由阴暗与明亮、封闭与开放、不

原生植物拥有明显的结构存在感，像这株桤叶山柳，它通常是一个好设计的起点。茁壮成长并形成空间特征的种植应该得到强化。

祥与吉瑞的层次对比所创造。但是，要创造这些美妙的对比，我们必须先找到它们。简单的漫步行走，随性偶遇才能找到触发情绪反应的场地位置。

实地考察：观察的艺术

　　在场地体验之后，下一步是观察并记录赋予场地特征的景观元素。我们的目标是将重要的、赋予场地特征的元素与无关紧要的元素分开。这种实地工作不完全是艺术的或科学的，而是两者兼有。首先被关注的是更重要的空间特征。景观是否密集并被乔木和灌木所封闭？是开放而畅通的吗？最高点和最低点在哪里？树木覆盖、地表和水流的基本元素是场地真实特征的线索。其他元素也很重要，但目前我们尚未分析土壤类型、水文、小气候或植被。在了解全局之前就着眼于这些细节，会使种植设计复杂且混乱。

　　通常情况下，新建成的景观比已经建成的花园更容易被人理解。很难用新鲜的眼光审视熟悉的地形；场地特征常常因为我们的情感联系和无数的记忆而被曲解。有时候原生植物几乎没有什么真正的特色，但是我们在

128

设计师可以花几个星期对场地进行科学地分析。但是，想真正了解一块土地并懂得它潜在的美，你必须走到户外，漫步其中。

它们周围建造花园。其他时候，对特定植物的渴望会导致我们的选择与场地特征不符。为了获得对空间本质的准确理解，请把画面拉远一点，使自己远离，并眯起眼睛。你看到了什么？它像草原一样开阔而阳光明媚吗？有没有一些原生树木，间距较宽，像林地一样？或者，因其密集的树冠而更像茂密的丛林？

在这个过程中，最困难的部分是决定应该做什么。梳理场地的基本要素兼具释放性和灾难性。我们对特定植物的依赖，或者对现状的满足，会让场地简化变得困难。然而，无情地去除它们可能给场地带来机遇。清除不理想的原生植被，犹如打开新画布般为新的种植提供可能。尤其是清除长期存在的入侵物种，有清毒一般的效果。从树干上剥下入侵性的藤蔓，或者巧妙地修剪杂草丛生的灌木，可以展现出植物原生形态的美好。但过度清理也有问题。清除的程度不要超过可以再种植的程度。同时，移除植被会干扰土壤，增加光照，会引来杂草和入侵物种。

对于设计师来说，在空白场地中进行设计往往是诱人的。它提供了极大的选择自由，但这种选择也诱发了设计无力的问题。现在，我们有能力种植各种各样的植物。因此，在大西洋中部可以出现地中海花园，在日本可以出现英国围墙花园，巴西也会见到阿尔卑斯山的假山庭园。这种选择给我们带来了负担，让我们创造不曾存在过的特征。对于有充足资金和宏大愿景的项目来说，赋予场地新特征的策略行之有效。以这种方式创建的典型案例就是纽约中央公园。公园内如波浪状的地形、裸露的岩石和森林等许多独具特色的自然景观并不是场地原有的特征，而是新增和新建的。然而，大多数的场地依然保留着可被利用的现状地貌和残留植被等特征。关键是要学会如何把场地的给予变为最重要的财富。陡峭的坡地可以被视为障碍，也可以看作创造伟大场景，以及令人回想山间漫步魅力的画布。浓荫既是花园的烦恼，也是花园的典型特质。潮湿的黏土既令人生厌，但也可以看作是统一植物色彩主题的元素。

特殊思考：高度城市化或场地干扰

在设计师面对的城市场地中，自然或植被特征较少，甚至完全没有。屋顶、硬质广场、小公园，以及建筑物拆除后的场地等典型的城市项目场地，给设计师提供理解和解释的自然特征很少。实际上，在相当长的时间内，城市里几乎所有的要素都是被扰动的，从城市土壤到原生植被几乎都是人工创造的。尽管线索可能并不明显，但是对城市场地解读的过程来识别原型灵感的方法仍然可以发挥作用。由于城市远离森林或草地，如果种植在许多方面能唤起人们对它们的回忆，会增加体验的愉悦感。例如，纽约高线公园的超高人气显示了在摩天大楼的背景下野生草甸种植的魅力。

131

城市景观可以像自然景观一样被解读。虽然原生植被可能不发挥重要作用，但其他因素很重要。光照的多少和强度本身就可以决定场地种植的品种类型。例如，强烈的阳光照射和裸露的建筑屋顶意味着将草地或草甸群落视为设计目标。绿色屋顶上摇曳的草本可以很好地替代静态的景天，令人联想高海拔地区的草甸。街道尺度的场地则完全不同。三面被高层建筑环绕的庭院，其光照水平接近森林地表。HMWhite 景观公司聘请专家在场地进行了光照水平测量，并用 3D 软件创建了模型，实现了这个效果。

冬季的《纽约时报》建筑内庭，清晰展现了林地的基本植物层次。

HMWhite 建筑公司为《纽约时报》建筑内庭完成的设计，将鞋盒般的无趣空间转变为林间的空地。

最终，这个很小的自然景观呈现出辽阔的效果，因为它用优美的方式精炼了林间空地。

仔细观察太阳在城市用地中的移动变化；从许多方面来说，城市阴影区的特质与树木阴影区不同。城市区域大多被硬质地表覆盖，所以某些地方的反射会产生更多的光线；另一方面，不反光的表面所产生的阴影比树冠过滤光线产生的阴影更深。由于城市阴影区不像树木阴影区那样顶部完全封闭，场地可能会有几小时强烈而直射的正午光照。选择对光照条件广泛耐受的植物，如许多原生于森林边缘和林地的物种，是地表种植的安全选择。

除了光照，土壤也是决定植物群落的一个重要因素。对于城市来说，土壤深度是一个特殊的制约因素。许多植物种植在停车楼或建筑屋顶的结构层上。六英寸是多年生植物和草本植物所需的最低土壤深度要求；假定有充分的水平土壤容量，二十四英寸以上的土壤就足以种植小乔木。土量限制一定会影响对植物的选择。在深度有限的土壤上，像禾本科一样具有长纤维根的植物可能比深根性植物更适合生存。当土壤容量有限时，灌溉变得十分重要。由于地表的裸露和地下水的缺乏，生长的植物干枯速度加快。即使是在干旱环境中生长旺盛的植物，在城市条件下也需要补充水分。

《纽约时报》建筑内庭融入了森林的精髓，这里再现了桦树林，强化了地形，莎草和蕨类植物布满地面。

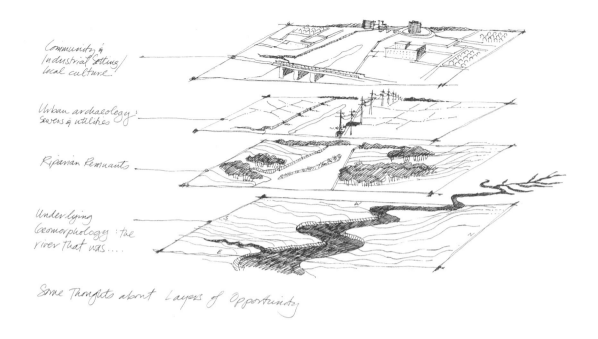

FASLA 的法耶·哈韦尔的这幅草图，探索了波多玛河的工业化支流溪流（Four Mile Run）的自然环境和建成环境。该图由罗得赛德 & 哈韦尔事务所（Rhodeside & Harwell）的景观设计师和规划师提供。

尽管城市环境呈现出极端性和非自然性，但可能有一个乡土植物群落在野外相似的条件下茁壮成长。发现这些灵感参考需要调查研究，但为了好的植物组合值得努力探索。以往的工业用地通常有高度压缩或污染的土壤。因此，棕地非常适合选种草甸群落，因为它的深层根系能够吸收重金属，培育土壤。城市广场的种植灵感可以参照裸露的岩石。岩石植物群落的特点是植物能够耐受高温、长期干旱和雨后厌氧条件，并且能适应小块的土壤。生物滞留池的种植可以参照开放河岸边缘繁茂生长的植物。这些植物可以耐受长时间的干旱和随之而来的大雨冲刷。几乎所有出现问题的城市用地，都能找到与之条件相似的野外环境；我们要做的只是建立二者之间的联系。

134　作为观察方式的草图

通过调研和观察，我们可以清晰解译场地的特征。然而，绘图是发现项目场地核心的最佳方法。设计师经常用草图表达概念性的想法，但在设计过程中更早地使用草图理解场地非常重要。图示思考是一种视觉笔记方法。无论你的草图像照片一样真实地描绘风景，还是像幼儿的涂鸦，都无关紧要。绘画以不同的方式将你的所见聚集在脑海里。它是一种思考方式，迫使我们看到景观的真实面貌。除了描绘物体之外，绘制草图还可以揭示形式、阴影和类型，消除视觉混乱。为这一步付出额外的努力是值得的，它会凸显场地中可能错过的信息。

尽可能在空白纸上绘制草图。站在场地内或场地边缘进行观察。最理想的情况是对整个场地拥有良好的视野。先绘制场地的主体，如果可能就

景观选择要点

这个景观要点类似于植物识别的要点，有助于选取最适合场地的景观原型。判断依据来源于场地元素和场地内的可见景观。

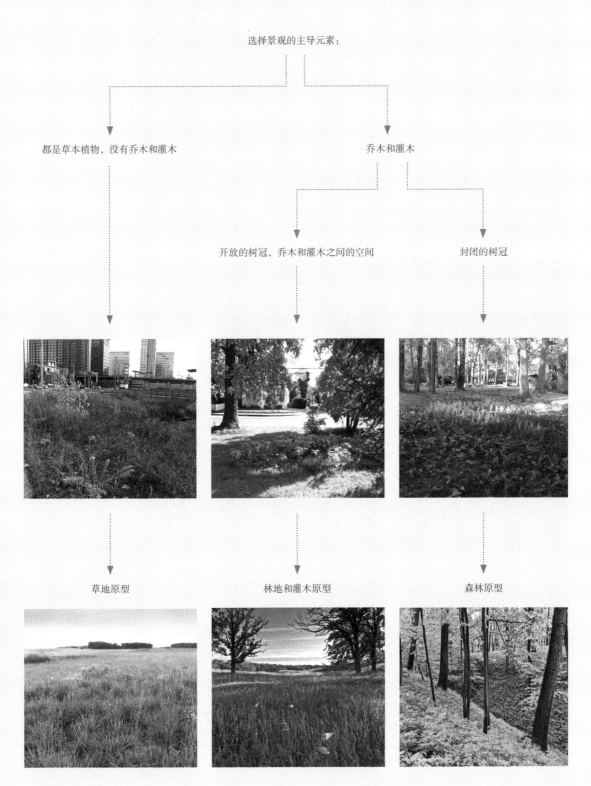

选择景观的主导元素：

都是草本植物，没有乔木和灌木   乔木和灌木

开放的树冠，乔木和灌木之间的空间   封闭的树冠

草地原型   林地和灌木原型   森林原型

一小块郊区的空地（上图）毗邻繁忙的道路，它看起来并不像野态景观，但是几棵大树的存在和分隔道路的功能需要，使林缘成为契合的景观原型。两年后，这里的火炬树、加拿大接骨木、长柔毛矾根、曲芒发草和疏穗薹草的分层种植开始形成林缘景观（下图）。

绘制整个场地，这有助于避免注意力被细节分散。如果场地太大或障碍物太多，可以使用网上提供的卫星照片或鸟瞰图像。

绘制平面图还是透视图，或是两者兼用，取决于场地以及你想要记录的内容。平面图最适合分析树冠覆盖和植被类型。基于实地调查的绘图有助于明确尺度、类型和要素间距。如果不能进行实地调查，尝试查找体现场地肌理的航拍图像，它可以协助你区分树冠、草丛和草坪等植被覆盖类型。另外，透视图或剖面图将有助于识别垂直分层。虽然平面图拉平了场地，但是透视图或剖面图可以分层标记植被。综合运用两种方法可以更全面地展示场地。

草图所展现的元素暗示了景观原型。例如，分散的树木指向开阔的林地原型。这个元素将被设计选取并强化为森林景观或者林地景观目标。或者你的场地位于开阔之地，草地景观将是合理的设计目标。在大多数情况下，你会很快了解隐藏在场地现状中的景观原型。117 页的景观选择要诀对于混乱且令人困惑的场地很有帮助，那些场地总是难以确定景观原型。

结束第一步之后，你要准确判断出场地适合的景观原型。下一步则是更深入地理解场地，强化要素，使景观的整体特征更加强烈和清晰。

与人有关的植物

花园曾经是逃避荒野的避难所，但是现在我们将其视为体验自然世界之地。伴随着城市化进程，我们失去了更多真正的荒野，与荒野真实相遇的渴望愈加强烈。种植有助于填补这种渴望，它让我们不仅沉浸在感官愉悦之中，也让我们回归自然。在逆光照射下，小草在风中摆动，种子反射着微光，它们为我们打开了一扇窗，通向方盒之城外部的世界。

但是，为了让种植唤起对自然的记忆，荒野模式需要转化成与城镇建成环境相关的园艺语言。在城市景观中照搬乡土植物群落可能会导致令人失望的结果。这样的例子比比皆是，愿景美好的雨水花园、蜜蜂花园，以及看起来杂乱而荒凉的自然恢复区。城市中的小型场地缺乏规模、环境和时间等自然场地拥有的优势。因此，在自然中强有力的自然模式和主题在人工景观中必须提炼、筛选和强化。

我们需要为种植创建一个强大的设计框架。框架为种植提供了基础和支撑。它们提供了关于植物本身和周边环境的视觉线索，帮助人们发现和欣赏重要的层次。在本节中，我们将讨论两个框架：

· 种植本身的概念框架，由设计目标限定；
· 种植周围的实体框架，由空间边缘定义。

概念框架：选择景观目标

设计概念引领人工植物群落。概念首先塑造了种植，甚至早于植物本身。概念是植物群落的目标，识别概念不仅仅是选择原型。它是在场地中通过植物看到荒野心声的能力。我们从草原、林地、森林和林缘等简单常见的景观开始识别，因为它们描绘了未来的蓝图。这些灵感描述了场地需要传达的基本要素、典型模式和整体氛围。它们有意保持灵活性。最终的植物配置可以体现为任何形式。以草地为例，它可以是矮的、高的、潮湿的、干燥的，可以种植五颜六色的花，也可以是宁静的草海。具体特征由设计场地和设计目标决定，但灵感的驱动来源于人类共有的自然记忆。

亚当 · 伍德拉夫（Adam Woodruff）设计的个性化干草
甸中种植着来自世界各地的植物，因为它们相似的习性使
草甸创造了一种和谐。蓝禾属、画眉草属和蓝沼草属的低
矮草丛体现出鲜明的连续性，即使像松果菊属"椰子青柠"
这样的纯合二倍体植物跟它们在一起，看起来也很自然。

向日葵属，半边莲属，垂穗草属和拟高粱属植物在纽约植物园的乡土花园中盛开。

　　初始灵感的清晰性至关重要。野生植物的美，有一部分来源于从土壤颜色到植物质感的所有细节可以融为一体。因为，元素的混合使用具有极强的诱惑性。然而，混合太多不同的景观类型需要付出高昂的代价，会使种植变得杂乱无章。选用某一个设计原型并不会限制设计的可能性或者植物的多样性。同一个场地上的草地可能有多种形态：斜坡底部是高挑多花的湿草甸；沿着山脊线是均匀混合种植的低矮草坪；在树林边缘则是灌木与草地的巧妙混合。设计灵感越聚焦，种植设计越富有感染力。

　　当然，场地条件丰富的大型场地可能受益于多元的景观目标。纽约植物园的乡土花园占地 4 英亩，部分被林地覆盖，部分是开阔空间。奥姆·范·斯维登事务所（Oehme van Sweden & Associates）确定三个核心的景观目标是森林、林地边缘和草地。种植概念深化的大部分工作都集中于如何在相对较小的场地中无缝衔接不同的灵感。这种衔接可以由软质边界实现，如适应性较强的蕨类植物和莎草从林地蔓延至草地之中。衔接也可以由明显的边界实现，如木栈道等大型的硬质要素在景观之间形成实体空间的限定。种植设计的成功之处在于可以无缝融合幽闭的森林和开放的草甸。

　　在同一个场地里平衡多重目标是有可能的，但是它需要更多的努力和艺术技巧创造真实感。有些场地实际上想表达两种景观原型之间的过渡。

它有助于最初的种植灵感
尽可能地保持简单和纯
粹。草地、林地和森林（从
上图到下图）是三个强有
力的出发点，它们可以被
无限地重新诠释。

例如，场地可能坐落于森林边缘，对面是开阔的区域。原有树木被清除之后，这种类型在新开发项目周围很常见。设计师可能需要选择一个景观原型，连接两个景观类型，创建一个平稳的过渡。在这种特定的情况下，选择开阔林地或者灌木林地景观可能是一个不错的决定，它可以通过连续的界面整合林地和开阔空间。

在纽约植物园的乡土花园中，个性鲜明的草地优美地展示出干湿草甸的梯度变化。

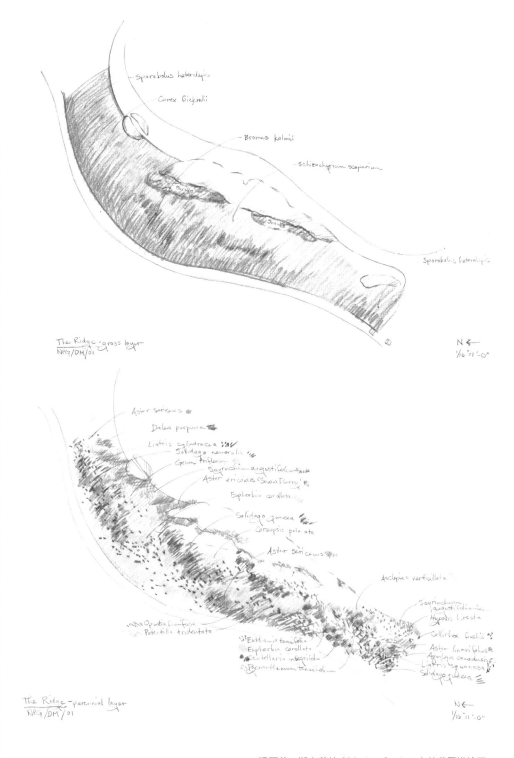

玛丽莎·斯卡莱拉（Marisa Scalera）的草图描绘了
左侧图片中的草地分层过程。上边的图片说明，底层
部分是由矮草组成的地被层。下边的图片说明，草本
花卉以点状、丛状和团状的形态插入地被层。团状形
态以线性种植的模式，与地势平行。

125

144 **明确人的需求和环境背景**

　　种植是为了取悦于人。这个简单的事实区分了人工植物群落与自然产生的植物群落。我们的设计方法受到了自然界的启发，但是这并不意味着在本质上自然主义的种植方法比其他方法更好。基于群落的种植方法可以适应从规则式园林到简约现代植栽的任何种植风格。我们看到多数已知的风格明显取决于它的边界如何被界定，以及硬质景观的特征。低矮的混合种植被修剪整齐的黄杨木花坛所环绕，可以视为规则式花园；同样的混合种植放置在一个高起的耐候钢种植箱中会体现出现代感。成功的种植需要把自然的模式和过程转换到人类环境中。

　　人工种植包括高度控制、目的性装饰、无人工干预的生态修复等不同梯度类型的全部变化。理解种植在变化中的位置是深化概念框架过程中的重要环节。首先，它应该具有什么样的装饰性或功能性？企业客户和公园可能需要一定程度的整洁和景观美化。定期维护可以保持混合种植的整齐，但是在许多项目中，熟练的园艺技术往往得不到保证，这就要求设计师把目光放在那些一年四季都看起来很整齐的植物品种上。私家花园的园丁通常希望通过花朵或树叶获得一定的色彩。因此，私家花园的草坪中多年生开花植物混合种植的比例高于禾本科植物。另一方面，在远离建筑物或道路的雨水管理种植中，更强调功能而不是装饰。在这种情况下，生长旺盛的禾本科植物、莎草和灯心草的稳定组合可能占据了大部分种植。

145　　了解如何形成规则式或自然式的种植也是重要的环境依据。更规则的种植方式会着重使用简约的团簇植物，或者在一年的大部分时间内，在大片的区域中种植单一物种。类似的种植也可以通过多种植物实现垂直分层，但会有一到两个种类在视觉上占主导地位。自然式的种植方式则能够让物种在视觉上更多样化并实现自播。

左　由特里·冈设计事务所（Terry Guen）完成的街边种植，通过成排的鹅耳枥和线性布局的低矮多年生草本植物，为芝加哥大学的建筑营造了有序的入口。
右　由 HMWhite 设计的屋顶花园，通过强化野生植物，为曼哈顿的天际线带来了草原的感觉。环境背景是至关重要的，这两个城市种植案例运用了相似的植物，却采取了两种截然不同的种植手法。

矾根属等彩叶栽培植物品种给种植提供了更有目的性的园艺形态。

最后要考虑的环境梯度是从城市到农村的改变。无论植物生长在城市、郊区还是在农村，都会很大程度地影响我们对植物的感知。来自世界各地的植物的混合种植可能看起来很适合城市环境，但置于农村环境中则会不太和谐。例如，梅子色的矾根属植物的变种植物与蕨类植物的混合种植为花器增添了趣味，但在一个更自然的环境中，有色叶子可能会令人感觉与自然色调不协调。

人工环境还要考虑植物的长远未来。所有的景观都会随着时间的推移而改变，所以了解自然进化的需要是很重要的。它会形成演替顶级并继续保持？或者在动态中演变，并过渡为另一种景观类型？尽早应对这个问题，对设计过程会产生重大的影响。为了管理这些变化，设计者可以有两个备选项。

保留长期的设计框架

允许某些植物发生动态的变化，只要它们不与整体的设计框架起冲突。填充植物和地被植物的比例可能会发生变化，但视觉上占主导地位的植物必须保留在最初的位置，因为它们决定种植设计的易辨识性。

允许演替并改变景观目标

在某些情况下，渐进过渡到其他景观类型是可取的。例如，客户可能从全新的宅地基开始建造，那里没有任何原生乔木和灌木。在这种情况下，

沼泽草地中的精髓是那些具有竞争性的物种，如喇叭泽兰属、木槿属、婆婆纳属、向日葵属等直立的草本花卉。在这里，奥姆·范·斯维登通过在视觉上重复该群落中最让人印象深刻的物种，来强化天然形成的沼泽湿地的形象。

种植可以从草原开始，随着时间的推移，逐渐演变为开阔的疏林草地或林地景观。景观管理必须考虑到这一点，并允许种植向不同的景观原型缓慢过渡。与之相反的情况可能是场地被意外干扰。例如，茂密的森林植被遭遇意外，导致树冠开敞。在这种情况下，植被至少要过渡到开阔的林地或林缘的景观原型，直到冠层再次关闭。

146 筛选、提炼和强化被赋予特质的元素

具有讽刺意味的是，创造富有"自然感"的植物群落需要高超的技巧。照搬照抄地把 30 平方米的林地转变成一个城市庭院的方式，完全营造不出林地的感觉，因为这种方法只是随意地组合了乔木、灌木和蕨类植物。想要提出合理的实施方法，需要将森林提炼成最基础的形式：树干紧密而重复的排列，苔藓和低矮的林地多年生植物的质感拼接。只有当景观原型被提炼到它最基础的形式，才能令人联想到被参照的群落。

"强化"是这个过程的核心。自然景观的影响力来源于其巨大的规模，以及超过数百英亩的重复性模式和过程。相比之下，城市和郊区的场地缺少与荒野类似的规模和背景。野外的所有细节——天空、岩石、土壤、水和植物共同营造出丰富的场地氛围。相反，围绕在我们设计场地周边的往往是建筑、道路和汽车。我们的城镇和城市看起来很复杂。事实上，花园更可能被路灯和电线包围，而不是瀑布或裸露的巨石。因此，为了让游客沉浸在森林或草地的感觉中，我们不得不进行强化，创造出比自然景象更加引人入胜的种植设计。

左　冷季型草坪中的牛眼菊是英式干草甸公认的标志。
右　萨拉·普赖斯和奈杰尔·邓尼特设计的奥林匹克公园的欧洲花园用更大胆的模式强化了滨菊属多花品种的混合种植。

关键是抽象景观的视觉主题。事实上，抽象是所有艺术的核心。画家们知道描绘风景并不意味着复制每一个细节。相反，抽象的过程往往是去除更多的不相关的细节，只关注于赋予景观强大力量的基本模式或色彩。所有的艺术都是筛选、提炼和强化的过程。这三个步骤构成了野生植物群落抽象过程的基础。

首先，只需要筛选与景观目标关联的形式、类型或植物。如果你想模仿森林，林木冠层的再现非常重要。无木不成林，所以它成为被选择的要素。这个步骤定义了设计框架的结构，类似房子的基础和结构框架。接下来，需要把元素提炼成最纯粹的形式。也许场地里中等高度的灌木需要清理，以便让树干的效果看起来更明显。这个处理夸大了由树木和林下植被形成的垂直面和水平面之间的对比。最后，需要强化与景观目标有关联的形式、类型或植物。也许你种植的树木比野外自然生长的树木更密集，密度和强度都被夸大。或者为了突出树干效果，选用干形独特的树种，如桦树、梧桐或者山毛榉。或者你引入茱萸等单一主题的林下植被，增加统一的元素和季节性的主题植物。

场地越是城市化，也就是说场地越是远离自然的环境，就越需要夸大和强化与景观原型的联系。

不要羞于创造令人回想起原型的设计特征。精妙设计在这个阶段不发挥作用。你应该像盆栽或者盆景艺术家那样思考设计。在一个托盘中，盆栽艺术家仅仅选择了树木、岩石和苔藓的基本形式，就能捕捉到整个森林的精髓，所有的细节都在传达场所感。以下两种组合策略可以帮助强化被

对页　植物群落可以混合种植，但并不是所有的植物都在塑造场地的视觉印象时发挥同等重要的作用。在图片中，松林地三芒草（*Aristida stricta*）支配着地面,锯叶棕（*Serona repens*）如岛屿般点缀其间。

臭 菘（*Symplocapus foetidus*）是湿洼林地中重要的视觉主题物种。

赋予特质的种植元素。

策略 1：提升视觉主题植物的比例

　　在自然形成的成熟植物群落中，植物的分布很少相等。事实上，一个显著特征就是每一个栖息地都存在少数优势物种。在草原群落中，禾本科植物常常占主导地位；在森林群落中，则可能是少数特征明显的乔木、灌木和草本植物。生态学家经常以这些优势物种（火炬松 / 胭脂栎树林地或石楠荒原）来命名植物群落。在花园方面，理查德·汉森（Richard Hansen）称这些植物为 Leitstarrrden（起主导作用的多年生植物），它们让我们产生深刻的视觉印象，也因发挥一些重要作用被我们所了解。

　　因为这些物种占主导地位，我们往往视它们为野生植物群落的代表。没有橡树的橡树热带草原或是没有帚石楠的帚石楠荒原便失去了它的意义和场景感。为了明确哪些是优势物种，可以到附近观察所选景观原型的植物群落，它们体现出合理的地域性组合。例如，如果选择森林作为原型景观，那么设计表达可能是开阔的橡木山核桃林，因为这种类型的森林经常出现在你的地区。橡树和山核桃应是设计中的视觉主导物种。视觉主题植物可以出现在种植的所有层次中。开阔的弗吉尼亚林地的特征可能以桧柏（*Juniperus virginiana*）为特色；亚利桑那州的荒漠草原将以一年生植物花菱草（*Eschscholzia californica*）为特色。我们的结论是避免使用与原型景观目标不同的植物。如果景观目标是开阔的林地，就避免选择纯草甸物种，因为它们传递了错误的信息。在阳光明媚的草地上，

所有这些物种都与其独特的栖息地有强大的关联。它们是必不可少的设计工具，并暗示了与大尺度景观类型之间的关联。

上　拟松果菊（*Echinacea simulate*）强烈地唤起大草原的感觉。
下　柳叶马利筋（*Asclepias tuberosa*）原产于旱生草原。

上　粉花马利筋（*Asclepias incarnata*）让我们想起五彩斑斓的湿草地。
下　狭叶庭菖蒲"卢塞恩"（*Sisyrinchium angustifolium* 'Lucerne'）是河漫滩平原的代表植物。

上　林地鼠尾草"卡拉多那"（*Salvia nemorosa* 'Caradonna'），荆芥属植物和墨西哥羽毛草（*Nassella tenuissima*）来源于干草地。
下　白木紫菀（*Eurybia divaricata*）和延羽沼泽蕨（*Thelypteris decursive-pinnata*）带来森林的感觉。

亚当·伍德拉夫（Adam Woodruff）在琼斯路（Jones Road）的花园设计中，背景使用了尖花拂子茅"卡尔弗斯特"（*Calamagrostis × acutiflora* 'Karl Foerster'）这样密实厚重的植物，衬托了更错综复杂的前景植物，丰富了空间的层次，创造了更深远的感觉。

像矮芦莉草（*Ruellia humilis*）或丽色画眉（*Eragrostis spectabilis*）等品种看起来很真实，但是它们的叶子颜色和质感在荫蔽环境中则是不适宜的，会削弱最终呈现的效果。

策略2：可视化种植模式

151

已长成的植物群落往往具有令人惊叹的视觉模式。有时候，某物种的斑块以小群岛的方式在优势物种的海洋中聚集。有时候，密集的无性繁殖物种形成类似夹缝的景观效果。或者，均匀分布的标志性物种创造出错综复杂的肌理。这些模式非常重要，不仅因为它们的美丽，也因为它们揭示了植物竞争和共存的线索。

设计师通过多种方式模仿自然的分布格局。最简单的方法是创造比野生状态更紧凑、更密集和更大体量的模式。例如，野生紫菀如果在草坪上形成松散的种群，那么在人工群落中它们将会被更稠密的紫菀组团来替代。或者，如果草原上只有一株蛇鞭菊（*Liatris spicata*），也许在人工花园里会使用有五株或七株的一丛蛇鞭菊，来营造比在野外更粗犷的、耐人寻味的景象。为了在小尺度花园中取得同样的效果，我们必须大量使用相同物种，并保持较高的种植密度。

152 聚集物种是设计师最重要的设计工具之一，它通过更加艺术和连贯的方式表达了自然的模式。聚集应该考虑物种及其在野外的自然生长方式。组群能力指同一种群内植物共生的距离，它提供了一个有用的模型，区分哪些植物应该聚集，哪些植物应该单独种植。德国研究人员赫尔曼·摩泽尔、罗斯玛丽·韦斯、弗里德里希·斯塔尔和理查德·汉森将植物分为五类，第一级（1）是孤立的植株，第五级（5）是无性繁殖的地被。组群能力较低（1和2）的植物通常形体较高，视觉吸引力较强，应单独种植或者由3~10株组成小簇丛。例如，茅（*Aesclepias tuberosa*）或紫锥菊属植物几乎总是独立分散在野外。另一方面，组群能力较高（3~5）的植物是出色的地被，种植方式是由10~20株或更多植株构成的大簇丛。多年生的泡沫花（*Tiarella cordifolia*）或低矮的木本植物矮丛蓝莓（*Vaccinium angustifolium*）是高组群植物的典例。高组群植物（4~5）的外形和生长习性促使它们成为优良的地被植物，可以在较高的多年生植物下方大量应用。组群水平有助于我们理解哪些物种可以作为结构性植物或季相主题植物。

编制设计说明

一旦清楚景观目标和需要强化的元素，下一步要明确如何将景观目标应用到场地。写下实现长期景观目标所需要的系列行动是非常有帮助的，这个过程类似于公司的战略声明。这个行动列表将有助于创建更大的种植空间框架。它描述的设计响应内容用于指导设计原型应用到场地之中。尽量让这些说明简短、直接，并以行动为导向。这样做的目的是将关键活动具体化，以确保概念的完整性。设计说明是未来所有设计问题的过滤器，它们有助于摆正方向，防止发生重大的设计失误。

不要把重点集中在植物选择。现在的问题是理解开阔场地和郁闭冠层的类型，分离不同成分的层次，描述最终的种植特征。明确移除方式，如用低矮的多年生植物斑块代替高大的入侵性灌木，或移除树木以扩大草地。最终，设计说明要回归到景观目标，专注于用行动将原型带入群落。

需要记住的重点是，种植设计是一种思想和实体场地的培养。花费在选择景观目标以及概念深化上的时间，有助于节约设计之后的大量时间。太多的种植设计从现场分析直接跳到植物选择。制定设计的重要环节不仅使概念更清晰，也为植物选择提供了标准，节约了时间和精力。图表《植物组群概念性框架》提供了三个范例，说明了设计响应如何在场地和目标的理解中浮现而出。

植物可以依据组群能力进行特征区分。图表由汉森和斯塔尔绘制，1997。

单株植物或小群体	3~10 株的小群落	10~20 株的大群落	扩张的群落	主要的大区域
一级：	二级：	三级：	四级：	五级：

假升麻　　　　　驴蹄草　　　　　千叶蓍　　　　　垂花葱　　　　　宾州薹草
丝兰叶刺芹　　　轮叶金鸡菊　　　加拿大耧斗菜　　莫罗氏薹草　　　紫茎泽兰
管状泽兰　　　　发草　　　　　　加拿大细辛　　　芭蕉薹草　　　　莓叶路边青
赛菊芋　　　　　紫松果菊　　　　垂穗草　　　　　北美金棱菊　　　金色千里光
柳枝稷　　　　　蛇鞭菊　　　　　斑点老鹳草　　　变种毛飞蓬　　　圆叶景天
蓝茎一枝黄花　　拟美国薄荷　　　长花矾根　　　　弗吉尼亚滨紫草　绵毛水苏
粗野鼠尾粟　　　弯曲密花薄荷　　美国薄荷　　　　球子蕨　　　　　泡沫花
纽约斑鸠菊　　　平滑蓝紫菀　　　全缘金光菊

| 粗野鼠尾粟 | 弯曲密花薄荷 | 垂穗草 | 弗吉尼亚滨紫草 | 宾州薹草 |

植物组群概念性框架

1. 场地现状	2. 景观目标（原型）	3. 扩展元素	4. 设计响应（措施）	5. 有序的框架（人文背景）
陡坡与落叶混交林；大量的入侵灌木和地被藤蔓	森林原型	再现阔叶混交林。林地地表上多彩多样的多年生植物斑块	去除入侵灌木；在场地周边和被选定的场地空间，重新栽植乡土灌木。再现秋季色叶树和落叶树的混交林。栽植春季开花的林下层。莎草、蕨类和杂草混合覆盖地表	沿路的自由式篱笆。下坡的石阶路径。季相主题植物
郊区繁忙路段旁，树木散植的草地	林缘原型	依照高度进行分层种植。丰富的木本和草本植物混植	在道路背景上种植林冠线较高的灌木。在中景的灌木丛中，混植高大的多年生植物和蕨类植物。用低矮的多年生植物营造多彩的前景	强调筛选季相主题植物（花期、落叶颜色）。沿路径形成从高大的灌木到整齐低矮的多年生植物的自然过渡
办公园区中的大型修剪草坪，边缘散植着小乔木和灌木，仿佛灌木林地的演替	草地原型	低矮的、高度一致的开花草甸。在不同季节中盛开的多年生植物组团	移除木本植物。建立矮草草甸。用系列季相主题植物营造演替的色彩	草坪边缘植栽高草甸。沿着种植边缘植栽规则式的矮草种群

在作者托马斯·雷纳的花园里，假荆芥风轮菜（*Calamintha nepetoides*）在草坪边缘形成了清晰的边界。

实体框架：为混合种植创建"有序的框架"

概念框架清晰之后，下一步就是设计种植的实体框架。应用前文提到的"有序的框架"概念是有效的。我们希望关注一系列的技术，帮助混合种植与人工环境相关联。

种植床的形状

人工植物群落几乎可以是任何大小或形状。在住宅小花园中，种植区可能不会超过单人床大小。在较小或更多的城市场地中，种植床是表明设计意图的载体。形式越简单效果越好，尤其是那些本身就很复杂的种植。在毗邻建筑物或其他构筑物的城市场地中，简单的线性种植床营造了与场地背景相关联的清晰框架。事实上，形态清晰的直线种植床是紧密交错的植物嵌体，把它视作美丽的地毯，对了解如何在城市环境中进行植物配置很有帮助。在郊区的大院子里，适合选择曲线较大的种植床。如果基地更适合使用几何形状的种植床，请尝试使用简洁的半径较大的曲线，而不是紧密的波浪线。当种植床的造型是景观主体的时候，它的效果更佳。单曲

与高于视线的种植相比，内部细节可以反复俯瞰的种植设计挑战性更小。高大的植物拥有顶端的无叶茎，如高沼地草"天空竞速者"，它增加了视觉的层次，保持了视线的通透。

线或宽大轻柔的"S"形状可以赋予场地许多神秘感和复杂性。但是，过于复杂的曲线创造出的种植床看起来僵硬而过时，它更像是迷你高尔夫球场，而不是自然景观。

157　**控制种植高度**

　　控制种植高度是最有效的种植方法之一，环境心理学一直保持此种看法。因此，如果种植高度超过腰部或胸部时，植物看起来具有明显的压迫性。当然，如果需要屏蔽难看的景色是典型的例外。但总的来说，大众更倾向接受可以俯瞰内部细节，形态清晰的种植床。虽然，最好将大多数的种植高度保持在腰部以下（18~30英寸高），但有时候本地物种会长得很高，特别是这些植物长有高大的无叶茎，允许人们的视线穿过，例如大金光菊、麦氏草属或拟高粱属物种。

　　创建种植框架

　　以植物材料为主的框架和清晰的种植边界是一种有效的方法，它可以

多年生的低矮植物有很长的观赏期，如林地鼠尾草"卡拉多那"、秋禾草、水甘草"蓝冰"和长柔毛矶根，它们使亚当·伍德拉夫的混合种植显得井然有序。

低矮的草本基质层由垂穗草、丽色画眉和北美小须芒草组成，与分药花属和泽兰属植物混种在一起。

凸显野生植物，并使之适应场地。这个方法可以采用任何一种形式。例如，草坪就是种植床的经典陪衬。被草甸种植围绕的简洁草坪产生了清晰的边界，表明了维护情况。在美国的花园里，院前草坪是当地的主要设计元素，人工植物群落可能被放置在草坪旁边，而不是完全取代它们。这样，草坪和种植床就可以在某种程度上共生，相得益彰。

墙壁、树篱和栅栏等硬质景观和其他的建筑花园特征也可以围绕种植创建有吸引力的框架。长久以来，对于多年生的植物群落，传统的边界处理是由鹅卵石镶边、黄杨木花坛和红豆杉树篱组成复杂的、层次丰富的草本植物结构。这些框架策略在较小且更正式的庭院和城市花园中尤其有用。最后，路径提供了双重功能，可以穿越种植区使养护更加便捷，也可以形成清晰的边界。对于乡村环境的种植，硬质景观或修剪树篱是不实用的，路径对于定义边缘尤其重要。在开阔的环境中，简洁的、经过修剪的路径是区别野生种植和人工种植的有效方式。在林地环境中，被覆盖的路径可

158

159

以帮助确定种植最密集的区域。

　　框架也可以由植物自身形成。它可以是城市草甸周围矮生物种的种植带，如围绕草坪群落的秋禾草（*Sesleria autumnalis*）、假荆芥风轮菜（*Calamintha nepetoides*），或柳叶水甘草（*Amsonia tabernaemontana*）。或者，修剪高草甸外围 5 英尺范围的地方，在初夏的时候保持植被外缘矮小而整齐。这项技术被美国草地专家拉里·威纳（Larry Weaner）在穿越高大的草甸群落的路径上使用。植被框架与建筑框架一样有效，并且通常不会显得笨拙。

　　所有这些策略架构并组合出新的种植形式，也就是纳索尔所言的"景观的本土语言"。框架性种植有助于确定主题。然而，归根结底，种植本身必须具有功能性和美观性才能获得成功。下一章将研究植物如何分层和组合，以创造对自然有益的持久性种植。

低矮的混合草地种植带有助于将特里·冈（Terry Guen）设计事务所的设计与城市环境相关联。

左上　围栏有助于构建种植框架，并将其与乡村环境相关联。

左下　北美小须芒草等矮草限定了雨水花园的种植边界。像弗吉尼亚滨紫草这样的高大多年生植物则在中心种植。

右上　种植在人行道的边缘，外观统一整齐的低矮植物，形成了混合草甸。像秋禾草和水甘草"蓝冰"这样的植物是种植框架的不错选择。

右下　长凳和种植池里低矮的草本植物创造了一个边框。

与其他植物有关的植物

群落由植物之间的关系定义。在这里，我们需要抛开传统的景观设计技巧，它们通过大量使用覆盖物、修剪枝干和加宽种植间距来避免植物之间的相互影响。我们应该关注生境和生态位不同却紧密交织在一起的植物斑块。只有清晰明确的景观目标和精心设计的框架，才能使每一个植物绽放光芒，展现情感的力量。

植物选择源自你的设计框架。将设计想象为一系列的空架子，那里将填充不同层次的植物。我们不要直接跳到为干燥土壤或全遮阴场地条件准备的植物清单，而是要首先确定在空白的植物设计和框架中，哪种植物类型适合填充那些特定的部分。

我们的植物选择方法侧重于景观垂直分层。传统的单一栽培区的种植方法是在一片区域中种植相同的植物，而垂直分层与它们不同。我们更喜欢在空间和时间上将植物层层叠加，从而获得意想不到的植物密度和多样性。但是要有一个目的明确的计划，界定设计框架和不同层次的植物习性，即植物生长与竞争的行为。

植物选择工具：不同的种植策略系统

在描述系统中不同的植物层次之前，我们想简要介绍一些国际上关于种植策略系统的例子。世世代代以来，植物专家和设计师一直试图对植物进行分类，目的是为优秀的种植设计开发通用的种植方法。从纯粹的经验到科学的植物分类，存在很多不同的方法。尽管没有一个方法能够为种植设计创造完美的答案。但简化和组合每个方法的最佳部分也有巨大的帮助。

我们在这里展示了三个系统，每一个都为设计者提供了工具，可以将市场上可获得的大量植物和栽培品种转化为种植设计的可用元素。

植物生境系统的精神领袖

理查德·汉森和弗里德里希·斯塔尔在其革命性的书籍《多年生植物及其花园生境》（1979）中提出，如果将植物种植在与野生栖息地类似的环境，它们的存活时间会更久，更有韧性，更易于管理。他们的想法是，如果把栖息环境相似的植物组合在一起，如地中海的百里香、加利福尼亚丛林的一年生植物、欧亚灌木丛的草本植物，就可以创造稳定而全新的植物群落。汉森建议精心挑选的植物组合，将形成具有生命力的地被系统并进行自我调节。他在德国维森地区进行了大量且长期的植物试验，证明了该方法的成功之处。

汉森的栖息地系统为创建植物群落提供了重要的观点。但是，此书中

在野外，植物种群通常是一层覆盖在另一层之上，例如北美桃儿七生长在宾州薹草（*Carex pensylvanica*）组成的基质层中。

提供的所有植物清单都基于当时的欧洲物种。将他的植物列表转换成适合世界其他区域的地区性物种，需要掌握极高水平的植物知识。而且，许多知名的国际设计师，如皮特·奥多夫（Piet Oudolf）和佩特拉·佩尔兹（Petra Pelz），已经成功地使用来自不同栖息地的植物创造群落。然而，这种策略并不能真正解释来自草地和森林等不同栖息地的植物，如何能形成有效的设计。但是，欧洲生态学中演化的另一种方法可以解决这种栖息地方法的局限性，它是格里姆广泛应用的适用对策演替理论（UAST）。

约翰·菲利普·格里姆：植物生存对策

163

英国生态学家约翰·菲利普·格里姆的对策解释了植物在自然环境中的行为。他的研究集中于植物如何面对栖息地的有限资源并适应环境。他描述了植物在野外面临的三种限制：来自于同一群落中其他物种的激烈竞争，干旱或阴影等环境压力，以及野火或采食（植物被吃掉）等高强度的外部干扰（也称为杂草影响）。这三种力量引发了不同的反应和对策。植物会将大部分资源用于增长、维护或再生，如何分配资源取决于哪个因素限制了它的发展。格里姆发现在资源分配之间总是存在三方面的权衡，而他的 C-S-R 理论将植物划分为三类，划分依据取决于它们对竞争、压力和杂草影响的反应程度。

167　　　**C：竞争型植物**。在低贫瘠和低干扰的生境中，这类植物蓬勃生长。适宜的生长条件吸引了许多物种，引发这些地区激烈的竞争。为了生存，这类植物非常擅长与其他植物竞争。它们高效地利用现有资源，进化出高度适应环境的生存对策，例如快速生长和高产。广受欢迎的草原植物和中生草甸都属于这个类别。

　　S：耐贫瘠植物。为了在高度贫瘠和低干扰的地区生存，植物主动分配自身资源以维持生存。形态特征响应对策是缓慢生长和生理变异。优秀的耐贫瘠植物可以长时间保留叶片，同时，为了保存营养几乎没有季节性变化。此类别包括绿色屋顶物种和春季短生植物。

　　R：杂草型植物。杂草生长在高干扰和不太贫瘠的地区，如果想成功活需要在干扰事件之间快速生长。这类物种能够在很短的时间内完成整个生命周期，它们把资源集中在再生过程上，往往产生大量的种子。我们最喜爱的一年生植物中有一些是野生物种；然而，可怕的花园杂草通常也属于这一类。杂草经常在刚刚被扰动的洪泛区或新耕种的花床上繁殖生长。

　　格里姆的 C-S-R 策略，是在极端的场地下创造人工植物群落的强有力工具。例如，城市街道植被持续受到由行人交通、狗、街道清洁设备引起

从上往下看，胡氏水甘草（*Amsonia hubrichtii*）的典型群落看起来很饱满，但从侧面看，还有大量的空间有待其他植物占据。

对页上　理查德·汉森的想法在德国魏恩海姆的赫尔曼肖夫（Hermannshof）继续得到检验和进一步发展，这里是世界上最有影响力的试验和试验花园之一。花园里聚集着来自世界各地的栖息地相似的植物，例如图片中的植物设计灵感就来自于欧亚大草原。

对页下　竞争型植物指生长期较长且无性繁殖的植物，如喇叭泽兰属植物，它们往往能牢牢地占据场地。

耐贫瘠植物指能够忍受干旱和贫瘠土壤的植物，如蒿属和亚菊属植物。

杂草型植物指一年生植物和许多花园野草，它们能迅速地在受干扰的土壤中生长，但竞争能力较弱。

的干扰。因此，杂草组合或杂草类的选择将最有可能产生平衡和长效的设计，因为它可以在干扰后自我修复。但格里姆模型的缺点是很少有植物完全属于这三种类型，许多植物都具有这三种类型的所有特性。它作为概念模型是有效的，但是对植物组合提供的实际指导很少。

诺伯特·库恩：植物对策分类模型

德国教授诺伯特·库恩意识到汉森和格里姆模型的优点和局限性。他从植物对场地条件的反应、植物形态、植物传播和蔓延行为，以及植物的时间生态位，对两种模型进行了优化，将它们转化并整合为创造人工植物群落的非常有前途的工具。该模型首次引入了植物的适应性对策。植物可以承受压力，也可以完全避免压力。如果考虑所有可能的场地条件和植物适应力的组合，模型会变得非常复杂，对于种植设计而言，失去了清晰性和实用性。因此，库恩专注于最相关的典型场景的花园环境，并将适应性对策缩小到八个主要类别。

在他 2011 年的书《多年生植物的新途径》中，库恩将每种类型分为几个子类别，以便使用这种工具为局部的人工植物群落选择物种时，提供更准确的分类和更好的指导。例如，几乎不用管理维护的新植物群落可能会使用高大的多年生的类型 4 植物作为设计层，在下面使用类型 5 的地被植物，形成几乎不需要管理的种植。这些植物分类系统的组成元素将会帮助进行种植设计的选择和组合兼容的物种。

垂直层

总而言之，所描述的三个系统为设计师提供了一系列工具来选择和组合植物。它们都是以植物为中心的模型；它们把植物及其与环境的关系放在首位。然而就种植设计而言，这些系统确实存在缺陷。例如，它们都需要把精深的知识转化为选择植物的能力。理查德·汉森的模型最关注设计师，但他的模型在很大程度上依赖于区域特定的植物清单。所有这三个系统都强调植物的功能布局，很少提供美学指导。最后，所有模型都是概念性的，将大部分应用留给设计师进行诠释。

设计层的植物是从人的视点容易观赏的植物，例如这种常见的贯叶泽兰（*Eupatorium perfoliatum*）。

我们的目标是提供一种简化的方法，从中提取每个系统中最关键的方面。植物的类型或类别不是首要考虑的内容，按顺序添加到场地中的系列植物层次才是设计思考的开始。这些层次是垂直排列的，就像一座建筑的楼层一样，每一层都是独立且独特的，直到可以在场地上被组合。植物选择的过程始于最高的、最具有视觉特征的层次，逐渐向下移动到更低矮、功能性更强的层次。上述植物对策系统有助于习性、生境和生存对策相似的植物填充每一个层次。然而，在描述特定的层次之前，了解设计层和功能层这两类层次很重要。

设计层

设计层描述了群落中形体最高、最具视觉优势的物种。这是形成景观印象的植物。它们以其独特的结构、高挑的形体、大胆的色彩和质感吸引人们的注意力。设计层通常包括乔木、优势灌木、高大多年生植物和草本。它们包括明显的结构元素，如常绿乔木或直立的高草。它们也会在种植过程中出现震撼的季节性变化——例如秋天草地上紫菀的红晕，或者在山间

库恩的植物类型（来自《多年生植物的新途径》[2011]）

类别	典型植物	说明
类型 1 保守生长型	薰衣草、银香菊、针叶天蓝绣球	这类植物生长缓慢而持续，还包括那些具有匍匐生长习性的低矮的地面芽植物。它们在资源非常有限的极端恶劣环境中生长，比如裸露的岩石、干旱的草甸和高山环境等。来自其他物种的竞争非常有限甚至没有，如果园丁改善它们的生长环境，这些植物的寿命反而会更短
类型 2 压力适应型	楼斗菜、玉簪、鼠尾草	缺少阳光、水和营养物质的场地环境会限制植物的生长。这类植物适应了竞争性的压力环境，如果种植在理想的环境中，反而会失去其独特的形态适应能力，例如银白色的叶子、宽大的叶子或者长寿性
类型 3 压力回避型	早花森林物种和春季地下芽植物、铁筷子、红番花、白毛叶葱	这类植物包括春季地下芽植物。在最佳的生长条件中，它们通过极快速地生长来渡过生命周期，避免压力。在不利的生长条件下，它们通过休眠避免压力。园丁和设计师可使用这类植物延长花园的观赏季节
类型 4 区域占领型	高大的多年生植物。宿根金光菊、宿根福禄考、向日葵	这类多年生植物来源于生长条件优良的地方，如草甸和大草原。这些地方的植物生存竞争非常激烈，是否生存取决于植物的抗逆性。设计师以这类植物作为多年生植物的种植结构框架
类型 5 区域覆盖型	血红老鹳、板凳果属、蓝雪花属	库恩划分的这一类别中包括低矮的地被类植物。它们常常生长在森林边缘的生境中，生存对策是覆盖所有可利用的生境空间。种植设计师要么大量使用这类植物，要么在类型 4 的植物下面使用这类植物，看起来像一层绿色的有生命力的覆盖物
类型 6 区域扩张型	筋骨草、花叶野芝麻、一枝黄花属、珍珠菜、斑茎泽兰	这类植物包括具有侵略性、无性繁殖的植物，这种策略是对不断变化的生长环境的一种适应，它让植物迅速生长，并覆盖地面，包括低矮的地面植物和高大的无性繁殖植物
类型 7 生态位占领型	草甸植物比如丹参禾、红口水仙、秋水仙	这种适应策略在开阔的栖息地中非常成功，比如人工管理的草地和牧场。在春季地面变暖之后，这种类型的植物迅速生长，其夏季的色彩让人感到惊艳。如果在快速完成第一个生命周期之后进行修剪，它们通常会在夏末或者秋季再次开花
类型 8 缝隙占领型	杂草类植物，如一年蓬、紫花洋地黄、金银花等	这类植物先天寿命较短并且产生大量的种子。它们动态性较强，能适应机械性干扰频繁的区域，如海岸带、城市或者洪泛区。这类植物在几乎没有竞争的环境中生存，一旦干扰停止，它们就会消失。如果管理得当，它们的动态特性可以在人工植物群落中令人耳目一新

功能层包括低矮的地被植物，它们生长在高大的设计层植物的下边。如图所示，宾州薹草覆盖在淡紫马利筋的基部。

溪流旁边盛放的一大丛杜鹃花。虽然设计层中的植物是最显著的视觉元素，但它们并非总保持着种植的最高比例。我们称之为设计层，是因为它的目标是创造视觉愉悦的园艺效果。虽然它具有一定的生态功能，但从设计的角度来看，重点是美观效果。

功能层

功能层是低矮的地被植物的组合。与设计层明显不同，几乎没有人看到它们。它的目的是保持地面完整和填补任何缺口，以防止杂草入侵。它创造了一定的稳定环境，支持在设计层中生命周期较长的植物生长。它由低矮的、质感柔软的植物组成，其中很多植物都有耐阴性。地被植物是真正的角落和缝隙植物，这也是它们发挥作用的原因。它们拥有独特的能力，可以在优势物种的夹缝中生长。功能层的植物通常是可以自播的杂草型植物，像藤蔓一样在地面匍匐的低蔓生植物，或者是可以在土壤表层固氮的豆科植物。它们的作用是固碳、控制土壤流失、培育土壤、为授粉者提供蜜源。

设计层的易辨识性和功能层的多样性

理解设计层和功能层之间的区别对于平衡审美和功能是至关重要的。美学上令人愉悦的设计可以是高度复杂和多样的。设计师有着很大的灵活性，在植物设计层创造图案或者引人注目的季节性景观。同时，地被层中不易察觉的植物可以提供多样性和生态功能。我们种植设计的理念是使设计层具有易辨识性，而功能层具有多样性。

德国景观设计师海纳·鲁兹开发了一种设计策略，通过使用大量极具吸引力的季相主题植物，在大尺度上创造易辨识性。他的概念是"外观塑

海纳·鲁兹设计的德国海尔布隆砖瓦厂公园，展示了人工植物群落的巨大装饰潜力。鲁兹对植物进行了分层设计，在短暂的演替中，一种色彩紧接着下一种色彩:（从上到下）林地鼠尾草"卡拉多那"、欧石竹、德国鸢尾和其他在晚春开花的鸢尾。在季节后期，福氏紫菀"斯塔法奇迹"和针茅创造出新的季相主题。

植物群落的层次

	层次	比例	实例	备注说明
设计层	结构层 / 骨架植物	10%~15%	大须芒草、粉红马利筋、巨柱仙人掌、紫荆、刺柏、金缕梅、山胡椒、栎属、蓝刚草、腹水草	大型植物,(这类植物)形成种植的视觉结构。这包括树木、灌木、直立草和多年生植物,以及大叶多年生植物。这一层的植物具有不同的形式(轮廓)和很长的寿命。这些植物往往是竞争型或耐贫瘠型
	季相主题植物	25%~40%	水甘草、紫菀、萱草、鸢尾、滨紫草、杜鹃、金光菊、鼠尾草、一枝黄花	中等高度植物,(这类植物)在一个季节里由于其花色和纹理而具有视觉优势。在不开花时,这层中的该类植物变成绿色,这种绿色陪伴骨架植物。 长到中等寿命,植物趋向于成群结队地生长。竞争型、耐贫瘠型植物、杂草可以融入这一类
功能层	地被植物	近50%	薹草、老鹳草、地下芽植物和短生植物,如水仙、番红花、矾根、金千里光、黄水枝、林石草	低矮、耐阴的物种,(这类植物)被用来覆盖其他物种之间的地面。具有控制地面侵蚀、花蜜来源的功能。植物更可能是地下茎植物。耐贫瘠
	填充植物	5%~10%	一年生飞蓬、楼斗菜、金鸡菊、花菱草、山桃草、红花半边莲、金罂粟	杂草和短期物种,(这类植物)用来临时填补空白并增加短暂的季节性展示。植物生长迅速,但不能容忍竞争。通常是一年生植物、二年生植物和生命周期短的多年生植物

植物群落设计的分层

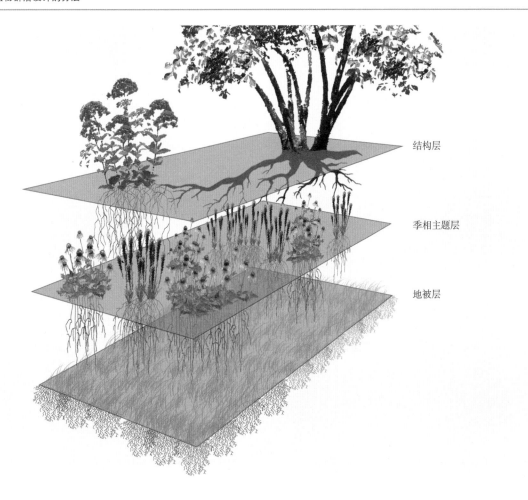

结构层

季相主题层

地被层

造原则"（*Prinzip der Aspektbildner*），他选择 3~6 种季相鲜明的系列主题植物，形成系列演替。在德国海尔布隆市齐格勒公园的植物设计中，鲁兹在季节

173　的初期用鼠尾草和鸢尾营造了色彩迸发的效果，在后期用紫菀属和刺头属创造了另一个奇观。在主题植物的下边，有一些低矮的伴生植物如石竹和针茅覆盖了地面，展示了色彩和质感更微妙的复杂性。

　　或许与我们这个时代的任何其他植物设计师相比，鲁兹是平衡设计层和功能层的大师。他用一句座右铭——"大尺度上保持一致性，小尺度上营造多样性"解释自己的方法，在设计层上创造引人注目的、大尺度的效果，同时在小尺度的地被层中获得重要的生态多样性。这是多样化和分层式种植的完美示例，它拒绝抛弃设计的明晰性或大胆的装饰品质。

　　一旦明确设计层和功能层之间的区别，我们就可以进入植物群落的不同分层。在设计层中，我们识别视觉上的主导物种。在功能层中，地被植物使种植成为一个真正的群落。

174　第一层：结构性和框架性植物

　　结构性植物是种植的骨干。作为群落中的视觉主题物种，它们多是一些大型植物，例如乔木、大型灌木，甚至是一些植株较高的多年生植物和草本植物。在森林和林地中，结构性植物多为树木，是形成林冠和常绿墙

花期长的结构性多年生植物，如千屈菜、腹水草和茴藿香与发草属的柔软填充形态形成了鲜明的对比。

的生命景观。灌木也是同样重要的结构性元素，尤其是那些有着与众不同形式的灌木。草原群落的结构性植物一般是直立生长的草本植物，例如蓝刚草、须芒草，甚至是芒。它们还包括高大的多年生植物，例如粉红马利筋、弗吉尼亚滨紫草或草原松香草。大多数没有顶端叶片的高大多年生植物也是结构性植物的最佳选择，因为它们可以让光线穿透到人工植物群落的底层。

识别结构层的重点在于植物形态。结构性植物多具有独特的形状，相比之下，填充植物没有固定形态。如果你不能确定一种植物是不是结构性的，可以关注它的轮廓。如果它的轮廓与众不同，就很可能是结构性植物，如雪松的直立尖塔形、蓟的纺锤球形，或者丝兰开花期独特的枝状大烛台形。长期以来，皮特·奥多夫的杰作均是将高度结构化的植物与更多装饰性的填充植物形成对比，获得了非常好的效果。结构性植物的优势是它们可以提供较长时间的观赏性，是可以让目光停留的焦点植物。甚至冬天的草本植物也具有结构性效果，如高草的干燥形态或草本植物顶端的黑色种子。

结构层创造了植物群落的形象。在林冠层和灌木层，结构性植物经常占据数量上的优势；但是在草本层，结构性植物的整体种植百分比通常要低很多，往往不到总数的 15%。因此，草本的结构性植物很难形成季相主题，主要缘于它们数量太少。具有结构性的乔木则可以创造季相主题，如春天盛开的紫荆花或者槭树的秋色叶。

稳定性和可靠性是结构层的关键特征。这些物种确保重要的种植框架可以持续下去。因此，应选择具有以下特征的物种。

长寿

结构性框架物种必须是长寿植物。例如，紫锥菊和金鸡菊的混合种植对于结构层来说不是好的选择。这两种植物通常只有几年的寿命，为了保持设计结构的活力，它们都需要定期的再植。

提供给设计师可用的有关植物寿命的信息很少，大多数的可用数据纯粹是道听途说，或者基于家庭花园的观察。如果你不知道植物的预期寿命，联系苗圃或其他当地的植物专家。最后，植物的寿命在很大程度上取决于场地的生长条件。典型的长寿物种，如蛇鞭菊和丽色画眉在肥沃的黏土中仅能短暂存活。

长寿植物常常生长缓慢。在确定植物大小时，必须考虑这个重要的因素。澳大利亚赝靛需要三年才能达到成熟期的宽度和高度。这个物种首先将大部分能量输入地下储存器官；只有当储量充分形成时，它才会进行重要的地上生长和开花。一旦它的地下储备系统就位，该物种就会具有高度的韧性。在发生火灾或割草等干扰后，它会很快恢复原状。所以，要考虑选择形体较大、根系更成熟的植物作为结构层的植物。播种或使用育苗钵可能需要几年时间才能成为成熟的植物。

上	柳枝稷	上	金光菊"秋天的太阳"	上	宽叶斑鸠菊
中	粉红马利筋	中	紫花唐松草	中	弗吉尼亚滨紫草
下	蛇鞭菊	下	纽约斑鸠菊	下	粗野鼠尾粟"风衣"

丛生

结构层可以使用丛生或缓慢扩散的物种。应避免使用如随意草或山密花薄荷这种迅速蔓延生长的物种，它们会随着时间推移而成倍繁殖，破坏结构层的清晰度。除了如纽约斑鸠菊这样品质优良的非禾本草本植物，丛生草如黍属，须芒草属和拟高粱属等，都是理想的草本结构性植物。

四季型结构

选择地上结构形态稳定的植物。最成功的结构性物种可以承受冬季的风雪冰雹以及夏季的暴风骤雨。顶端无叶的高大多年生植物是很好的选择。无叶的顶端茎秆几乎没有为雨雪提供停留的表面，减轻了植物的承重。如蓝刚草属、麦氏草属、针茅属等草本植物，即使在恶劣的天气中也依然存在。块根糙苏、鞑靼紫菀和大金光菊等多年生植物，即使在暴雪中也能保持它们的茎干挺立。

第二层：季相主题植物

下一层是季相主题植物，与结构性植物相伴而生。这一层重点关注一年中某段时期具有视觉主导作用的种植。它可以通过草地上引人注目的鸢尾或者紫菀的季节性开花实现，或者在森林里通过北美桃儿七的醒目质感展现。季相主题植物在一年中的某些特定时间主导人们视线，在展示结束后又消隐到绿色背景中。然而，这并不意味着它们会逐渐消失并在种植中留下空隙。事实恰恰相反：它们继续覆盖土壤并作为结构层的伴生植物。它们被大量使用以创造令人惊叹的色彩和质地效果。在阳光明媚的开阔场地，多年生植物如鼠尾草属、一枝黄花属、金盏菊属、红花属植物都是忠实的伴生植物，具有强大的季节性表现力。在森林中，这一层可能是由具有质地的植物组成，如蕨类植物红盖鳞毛蕨"光辉"或者盛开的多年生植物假升麻属或类叶升麻属。

由于这一类植物的种植量较大（总种植量的 25%~40%），因此每个个体的确切位置不像结构性植物的位置那么重要。个别的植物逐渐融入更大的色彩和质感之中。主题植物比建立永久性框架的植物更短命，更有活力，因为它们的目标是保持种群存活，而不是让它们在完全相同的位置上生长。然而，如果主题植物消失或大量繁殖，整个种植就会受到影响。因此，中等寿命和活力的物种非常适合填补这部分人工植物群落。

季相主题植物的形状通常没有固定形态，这与结构层锐利的轮廓形成鲜明对比。它们作为填充植物的作用是蔓延到结构性植物周围，填充景观形式之间的缺口。这些伴生植物弱化了结构性植物的明显特征，为更醒目的形状创造了视觉上宁静的背景。

在自然环境中创造色彩主题的植物特别有趣。试想一下初秋时美国草原的黄色主题，或早春时漫滩林的蓝色主题。一枝黄花属和滨紫草属植物是主题性较强的植物，它们充分展现了其衍生的更宏大的风景。 德国开发

上　毛金菊
中　白普理美国薄荷
下　蓍属"草莓诱惑"

上　草原松果菊"红色侏儒"
中　水甘草"蓝冰"
下　金鸡菊"焦糖布丁"

上　蓝花荠
中　芳香紫苑"十月天空"
下　堆心菊"狂欢节"

的混合种植系统重点关注视觉主题，如用色彩创造特定的生境。例如，混 179
合植物生境"银夏"（*Silbersommer*）中的许多伴生物种来自地中海型生境，
主要以银叶植物为主。花草甸的混合植物以带有柔和的紫蓝色和黄色花朵
的多年生植物为主，让人联想起欧亚大草原。将季相主题植物的色彩与野
生植物群落的标志性色彩相结合，会使你的种植设计令人印象深刻。

第三层：地被植物

地被层是植物群落的基础，也是主要的功能层。一旦设计创建了前两层，
就可以填充地被植物。这些植物可能没有设计层引人注目的形式或美丽的
花朵，但它们真实而形象地把群落联系在一起。

地被植物是典型的低矮木本或草本植物，生活在设计层的底部或周围。
地被层包括具有侵略性和无性繁殖习性的植物，如卵叶千里光。它们紧紧
附着地面，具有出色的土壤侵蚀控制、抑制杂草和绿化覆盖的功能。在草
原群落中，地被层可以由厚实的短草和葡萄草形成，如欧活血丹、金色千
里光或宾州薹草。在林地群落中，该层可以由春季短生植物、蕨类植物、
莎草，以及越桔属、帚石楠属、蒿属或牛至属的低矮木本植物组成。

春季和初夏的地被层经常可以获得充足的阳光。随后，当多年生植物变得
高大，地被植物通常会部分或完全被遮蔽，这可能会导致它们在夏季处于休眠
状态。在这种情况发生之前，它们通常会利用可获得的生长窗口期，开花结果，
类似森林植物群落中春季短生植物的生长方式。雪钟花属和蔗茅属都属于这一
类植物。它们庞大的地下储存器官使其能够在不利的生长条件下生存。

地被层的目的是获得最可能实现的功能，同时不影响设计的易辨识性。
它所提供的基本生态功能，如覆盖土壤或为昆虫提供花粉来源与美学品质
同等重要。因此，在设计时我们不仅要看四季的美学品质，还要看四季的
功能实效。例如，雨水花园或生物滞留设施需要 24 小时的侵蚀控制层，以 180
稳定休眠期间的土壤。授粉展示园需要为昆虫提供持续的花蜜来源。因此，
植物选择应该满足功能的需求。请仔细考虑下面的例子。

雨水管理。选择具有常绿基生叶的植物，确保冬季的土壤侵蚀控制和
蒸散。选择根系多样的植物，尤其是深根性植物有利于雨水渗滤。尽可能
使用多种植物，增加吸水率和过滤性。

侵蚀控制。选择具有宿存基生叶的常绿和半常绿物种。选择具有侵略
性的无性自播物种，可以在严重侵蚀的土壤上自行生长。

土壤建构。选择匍苜蓿、野决明属和羽扇豆等豆科植物，尽可能把它
们与草本植物一起种植。它们的短暂根系将储存土壤中的碳。种植深根性
植物以便从更深的土层中获取营养。

植物修复。使用具有较高生物生产量和污染物吸收能力的植物，例如

上　切诺基薹草
中　变种毛飞蓬"灵海文地毯"
下　白荒地紫菀"雪花"

上　心形龙头草
中　宾州薹草
下　加拿大细辛

上　长花矾根
中　罂粟葵
下　莓叶路边青

香蒲属、藨草属、黍属、薹草属。物种多样性对功能性至关重要。尝试混合使用习性不同的植物，例如无性传播或快速播种的植物。这将刺激它们扩散、再播和本土化，从而填补植被干扰后的缝隙。重点关注四季覆盖土壤的半常绿或常绿树种。只要设计不改变太多或形成单种栽培，种植中的改变是可以接受的。不要害怕根茎类和匍匐茎类植物。竞争激烈的物种可以相互结合，保持彼此的制衡。这些坚韧的植物对于低维护种植或来自入侵植物的竞争激烈的种植而言至关重要。我们需要小蔓长春花、富贵草和洋常春藤这样的本土植物。干扰敏感型植物可能适合种植在居住环境，但环境恶劣的场地需要有韧性的植物。

使用乡土生境中的地被植物引发的问题是，大部分的地被植物很少在市面出售。它们的观赏性不足。有些植物只能通过种子获得。但作为设计师，我们可以用苗圃中低矮的耐阴植物替代乡土地被植物的作用。市面上有非常耐旱和耐阴的莎草，可用来替代乡土地被植物。变种毛飞蓬、心形龙头草等根茎类植物，也具有很强的匍匐和覆盖能力。长寿的丛生多年生植物，如长柔毛矶根和加拿大细辛，不会迁移，同时可伴生在其他物种下生存。地被植物可以覆盖乔木、灌木和高大的多年生植物下面任何有空间的地方。它填补了设计层高大植物之间的所有空白。它们往往被视作护根的覆盖物。

传统种植方法与人工群落种植方法

注意地被植物与物种多样性的差异

传统种植方法

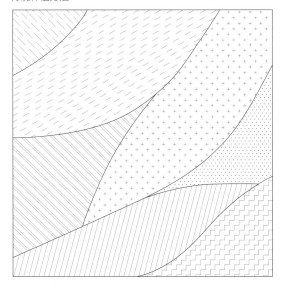

在传统的种植方法中，种植由大量的单一物种组合而成。

人工群落种植方法

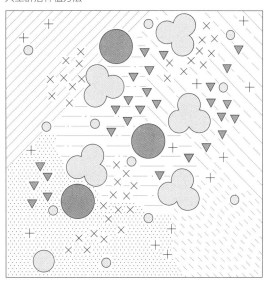

人工群落种植方法可以创造若干组共存的植物，这些植物在场地中彼此之间相互兼容。

结构性植物　　季相主题植物　　填充植物　　地被植物

182　第四层：填充植物

　　由于大型的结构性植物需要数年才能建立起来，因此在这些植物成熟之前可以使用临时填充植物覆盖土壤，提供视觉上的享受。好的填充植物可以自播，并在种植期间通过一个空隙传播到另一个空隙来保持种群活力。当设计层和地被层足够厚实，它们最终会消失。填充植物层应由大约5%~10%的群落植物充分混合而成，足以使该层可见，并为将来的扩散储备充足的种子库。一年生植物包括波斯菊、大阿米芹等；短寿多年生植物包括蓍属、耧斗菜属和马其顿川续断等；短寿禾本科植物包括芒颖大麦草、墨西哥羽毛草和大凌风草。

　　填充植物可以创造季节性的色彩主题，但由于它们是动态的并且相当不可预测，因此可将它们视为偶然发生的事件，而不是设计的主体。优秀的填充植物有一年生、两年生和短寿多年生植物。格里姆的杂草型植物是理想化的，因为大多数植物都可以在短暂的生命内产生大量的种子。种子

184　储存在种子库中，即使储存多年、受到干扰、土壤裸露，种子也会生长成为植物。因此，最好在群落组合中均匀分布填充植物，给它们随处自播的可能性。

　　填充植物发挥着内置保险的作用，在干扰后从内部修复种植。雨水花园中的红花半边莲（*Lobelia cardinalis*）就是这样的例子。一旦雨水花园的植被覆盖密集，半边莲通常就会消失。它无法在与高大植物的激烈竞争中存活，往往是短寿的。在未来的许多年里，这种植物可能不会出现在植物群落中。然而，如果种植层受到工人安装地下排水系统时的干扰，比如留下了裸露的土壤，阳光穿过土壤照射到休眠的种子。在这种情况下，半边莲可以在植物群落中发芽并神奇地重新出现，直到它达到其短暂寿命的终点，或者被其他多年生植物所淘汰。

应用分层种植

　　以下示例说明了在三个原型景观中应用分层种植的过程。

开阔的草地群落

　　首先，在结构层的提炼和强化模式中选择具有视觉优势、有感召力的和"外观可塑"特征的植物。这些植物是高大的多年生植物和具有丛生习性的禾本科植物。它们在种植过程中持久耐用且表现良好。例如澳大利亚赝靛、弗吉尼亚须芒草和管状泽兰。

　　用密集的地被植物覆盖土壤，填补植物和结构层之间的空隙。在休眠季节，最好使用常绿或半常绿植物完成土壤侵蚀控制和抑制杂草。在干扰较高的地区或管理资源非常有限的场地，首选具有强壮的地下茎或匍匐茎的植物。它们可以形成季节性主题，但是如果与更高大、更有视觉优势的

上　岩生藿香
中　加拿大楼斗菜
下　轮叶金鸡菊

上　马里兰翅子草
中　马里兰金菊
下　花冠大戟

上　美国高翠雀
中　红花半边莲
下　火红蝇子草

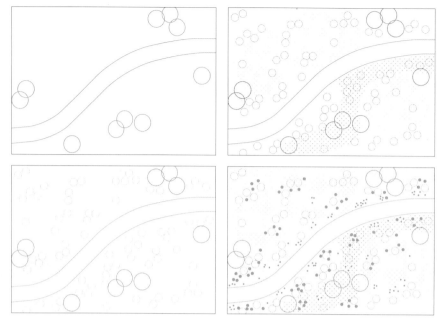

左 结构层
右 地被层

左 季相主题层
右 动态填充层

物种在一起，它们只能成为伴生物种。因为不是主要的设计层，实现物种丰富性和年龄多样化是可能的。典型植物有狭叶薹草、蓝堇菜和坚被灯心草。

在种植阶段的初期，动态的短寿植物可以填补缝隙。它们也可以在一年中的某些时间形成季相主题，例如夏季的柳叶马鞭草或是波斯菊。在种植中，它们可能不会一直存留，或者像遇到干扰时那样，只在土壤裸露时才会出现。为了形成多样化的植物群落，应尽可能多地容纳不同形态植物，例如水仙属、番红花属和克美莲属等球茎植物。

确保一种植物在一年中的某些时候枯萎死亡时，另一种植物能填充其留下的空间。例如，春季短生植物可以与晚期出现的蕨类植物和暖季草结合起来，以防止出现空隙。

林地和灌木群落

在强化模式中，可以在草本植物层增添具有视觉优势和季相主题的乔木和灌木。如果用密集的地被植物填充空隙，这一层的物种必须能够承受广谱的光照条件，从全阳到阴影。最佳的选择可能是切诺基薹草、发草和变种毛飞蓬"灵海文地毯"，它们可以在一年中的特定期间形成季相主题。在地被层中，既可以追求设计的丰富多样性，也可以保持设计的易辨识性。例如，薹草、矾根属或是福禄考属的几个类似的品种可以混合在一起，没有人会注意到它们彼此的不同。然而，跟单一种植相比，昆虫会发现更丰富的食物多样性，场地也会具有更高的生态价值，并且更具韧性。同时，混合的物种必须能相互兼容。

即使没有地被层，林地和灌木群落的原型也呈现出视觉上的享受，光线和阴影产生的色彩变化也很壮观。通常，这种类型的景观可以从植物配

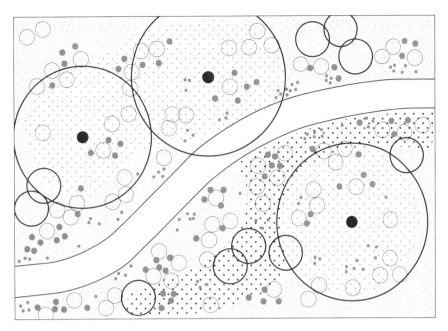

乔木和灌木

色的约束中受益，视线会停留在开阔或者封闭的林冠层，以及由木本植物和草本植物混合种植，所形成的引人注目的图案上。体现在植物色彩中过量的视觉多样性，会分散开阔林地独特的效果。因此，该群落需要保持图案和空间构成的复杂性，保持每个植被层的简洁性。

开阔的森林群落

开阔的森林群落应建立并强化封闭的林冠层和视线开敞的林下空间。如果添加林下层，需要选择开敞通透的体型较小的树木和高大的灌木，并用密集混合的短生植物、莎草、蕨类植物和苔藓覆盖地面。对于季相主题层而言，应关注春季短生植物和夏末的紫菀和林地向日葵的应用。如果与常绿植物混植，可选用圣诞耳蕨和芭蕉薹草。

在美国东海岸的许多森林景观中，过量繁殖的白尾鹿已经使丰富的地被层枯竭。令人遗憾的事实是，尽管人们经常把它与森林相连，这些春季短生植物也经常消失。由于地被植物的缺失，使森林变得空旷，葱芥和柔枝莠竹等耐啃食的植物到处生长。如果试图在此地营造广阔的森林群落景观，则需要设置隔离鹿群的栅栏。

由于乔木生长缓慢，对于形成森林原型来说，精心呵护极其重要。从幼苗到成熟树木的专业树木护理，是森林植物群落健康和枝繁叶茂的基础。下一代树木必须在地被或灌木层中受到保护，使其免受鹿和其他因素的伤害。虽然果实吹落和雪灾无法避免，但保持树木健康以及适当修剪，可以大大降低受损风险。林下应该保持通风，同时在早期的树木生长阶段，应该处理双顶枝或树皮的问题。人们应可以看到树下，把树枝架起来，树枝最低处的区域就可以开放。

187

第五章

创建和管理植物群落

任何一个设计师，曾经参与创造、种植并离开，五年后重新游览自己
的花园，他们都会意识到设计并不是图纸上的奇思妙想，而是持续不断的
数以千计的微小决策和行动。我们想要在此提高的，正是这些看似微不足
道的决定和行动。很多困扰传统园艺的问题都源于一个不合理的分工，它
隔离了设计者、种植者和施工者。我们确信优秀的设计源于现场，而不是
闭门造车；优秀的施工和维护需要更开阔的视野，而不是保守的场地内部
决定。

场地准备：设计过程的延续

建造人工植物群落与传统种植有很大不同。我们的方法并不是引入了
一套新的技术和手段，而是重新思考应用这些技术的原因、方式和时机。
我们质疑这套被广泛接受的维护技术，因为许多方法根本不起作用，而且
很多维护方法是没有目标的盲目应用。因此，我们需要对千篇一律的配置
方式和维护规范作出改变。当然，所有的种植都依赖于改变场地来适应原
本不在此地生长的植物。我们的目标并非不鼓励干预，而是更深思熟虑地
将场地改变与土壤建设、植物竞争和生态演替的自然过程相结合。

应把种植视为随着时间推移而进化的群落，它促使设计过程超越电脑
屏幕的绘图工作，进入场地自身。它需要设计师、承包商和花园工人的密
切合作，并鼓励设计师长期参与种植过程，帮助群落适应环境并逐渐成熟。
该过程结合了生态和园艺领域的技术和手段。

对页　在这个精心组织的
草地群落内，播种了加拿
大一枝黄花、晚花泽兰和
其他入侵的无性繁殖物
种，它们的数量虽然相对
较少，但如果不采取行动
的话，在下一个生长季它
们可能会覆盖全部种植。

培育幼苗的临时措施

准备种植场地时应突破我们的传统理念，场地的限制条件实际上是有价
值的，如光影关系、土壤湿度、陡峭的山坡等将有助于创造独特的植物群落。
因此场地准备的目标是保留这些独特的品质，同时提供最佳的生长环境。

只有设计师和土地管理者一起合作，复杂的植物群落才会持久。修剪的树篱在各种各样的植物旁边生长，维护这个效果需要将园艺和生态管理技术相结合。

在场地准备期间，来自当地蘑菇工厂的废弃产品蘑菇渣，可以改良极差的土壤。蘑菇渣混入土壤使其变得松软。在施工过程中，如果种植者踏入土壤，会陷入土里几英寸。在第一个生长季内，土壤的高养分和高含盐量会导致灾难性的植物损失。

想法驱动着所有的实践，因此设计的出发点是找出推进错误流程的假设前提。常规的场地准备工作旨在将场地变为新设计的中立背景。以传统的整地方式为例，它的重点是消除土壤的独特品质。从业者撒播土壤改良剂以平衡土壤的 pH 值，通过混合堆肥来提高土壤有机物，直到土壤蓬松柔软，其目标是形成松散、易碎、极其肥沃的黑土。虽然这样的土壤可能非常适合农作物或一年生植物，但它对许多乡土和自然物种来说都是有问题的。高度干扰而肥沃的土壤加剧了植物的生存竞争，促进荒草等杂草生长。也许最令人不安的是，松果菊属、鼠尾草属和景天属植物等许多园林植物的寿命都会缩短，因为它们更偏好贫瘠的土壤。景观土壤不需要看起来跟盆栽土壤一样。

土壤实验室的建议使这个问题更加复杂。不要误解我们的观点：对土壤进行测试对于了解你所处理的环境是有价值的，但是大多数土壤测试实验室都建议基于一种通用的标准来平衡土壤营养元素，这种标准假定所有植物都喜欢高度肥沃、完美平衡的混合土壤。这种方法的问题在于植物已经进化成需要特殊化学性质的土壤，它们不想要某种通用的、理想化的土壤。它们想要的是某种特定的土壤，杜鹃花科的植物喜欢酸性土壤，木犀榄科的植物喜欢碱性土壤。有些植物，如美洲沙茅草需要沙质，低营养的土壤，而金光菊则在富含营养的黏土中长势最旺。可以改变场地以适应植物，但只有当植物适应场地，种植才能真正自给自足。

左　多穗马鞭草在肥沃湿润的土壤中生长旺盛。
中　宿根福禄考喜欢湿度持续适中的肥沃土壤。
右　神香草叶泽兰在沿海的沙质土壤中安家。

与传统最大的不同是将场地准备视为培育幼苗所需的临时措施，而不是永久的、一次性的方式。所有的场地都需要进行小幅改造，以帮助新的植物苗壮成长。需要考虑到植物从苗圃运移到场地是巨大的环境改

在温室内，大多数植物在最佳的条件下生长，温室确保了植物的健康生长，并可以预防病虫害。

变。苗圃植物经常从理想的苗圃温室环境中直接移出，当它们到达现场时，还没有适应当地的小气候和土壤条件。这些植物很娇嫩，没有经过抗性锻炼，在某些情况下，甚至可能还没有接受过紫外线照射。它们的根很可能被以泥炭为主的土壤介质所包裹，这些介质拥有充足的营养和理想的 pH 值。为了生存，它们需要足够的空间来减少植物竞争，以及提供最佳的生长条件。特别是现场如果已经有原生植物，则需要进行调整以确保种植平稳过渡。

193 场地稳定性对于长期种植至关重要

只有稳定的场地条件才能维持稳定的种植。种植需要考虑构成景观的元素：地质、土壤、气候和现存的结构性植物。这些元素自然而然地维护着一丛对应的植物。依赖已知的固定植物组合非常诱人，但是我们有责任选择正确的植物，把植物名录强塞入场地，缺点是要对土壤进行昂贵的改造，而且大部分都不会持久。如果场地土壤和底层基岩对生长在沼泽或荒野的植物群落来说碱性过强，可以用泥炭藓或磨细的硫磺改良土壤，实现几年之内的缓解，然而，泥炭自然分解后，底层的石灰石最终会再次升高土壤的 pH 值。如果种植场地处于城市混凝土结构之上，也会发生类似的事情。用酸性物质对其进行改良会使土壤 pH 值下降一段时间，但流经混凝土的地表径流会使其再次升高。如果没有持续改良，理想中的植物群落可能无法长期存活。另外需要牢记的是，太多的景观规范依赖于工程土壤配方，尤其是雨水管理设施,它像原料表一样列出其成分。跟通用的种植方法一样,这些工程混合物的功能都不如天然土壤。它们倾向于只专注土壤的某些功能特性,如它在人行道之下的承载力,或者水流经它们时的速度。虽然这些因素很重要,但是这些公式缺少一种理解,即矿物基质如何与根部的生命组织和微生物相互作用。

了解现有的土壤有利于明智地选择植物。从现场的不同区域采集多个土壤样本,在可靠的土壤实验室进行专业的土壤检测。注意要正确理解土壤检测结果。大多数实验室会评估土壤检测结果,但如前所述,请对他们推荐的改良方法保持谨慎。土壤实验室不是植物专家,在某些情况下,其推荐的改良方法弊大于利。比依赖土壤实验室更好的方法是咨询高校土壤专家,请他们阅读和解释特定场地和目标群落的土壤检测结果。

如果土壤确实需要为了指定的植物群落而改良,请务必在一年中正确的时间进行。仔细参照剂量说明,更多并不总是意味着更好,也有可能让事情变得更糟:土壤氮含量超标可能让植物长得过高,变得比自身组织所能支撑的分量更重,导致植物变得萎蔫、难看。

更糟糕的是,如果土壤摄取的养分超过它的能力范围,过剩的含量会随着雨水流失,污染河水和溪流。尤其要尽量减少雨水管理种植区内的土壤营养改良,因为这类径流含有较高的氮和磷,而植物通常不需要更多营养。土壤贫瘠时,植物才会从雨水径流中吸收更多的养分。

有时植物只在生长初期需要一些帮助,我们可以通过添加有机物或特定养分来促进它们的发育。如果土壤有机质含量低或场地土壤已经完全建成,初始的土壤改良剂有利于植物的生长发育。堆肥茶渣和微量的表层施肥是敏感土壤的改良技术,在没有显著改变场地的条件下,可以帮助植物建成群落。

194

左 挖掘土壤测试坑是了解场地土壤条件最简单的方法,狭窄的铲子很适合这项工作。
右 用手指感受土壤去了解它的持水能力、有机质含量和压实程度,这种土壤有极好的土壤结构,它的深颜色是有机质含量高的迹象。

使用可靠的材料

对堆肥物料、碎树皮和覆盖物等土壤改良剂的材料需要谨慎对待。例如，未充分熟化或混合的庭院垃圾堆肥，可能携带入侵物种的种子，并引入一个全新的问题物种群落。从可靠的来源购买，并确保改良材料没有杂草、垃圾和污染物。

　　严谨地将改良方法与匹配的植物进行组合，避免土壤调整需求超越建群需求。植物残渣不断被微生物分解，必要的养分重回土壤。在土壤中对此行为进行鼓励，仅仅需要让自然做功。对设计师来说，最大的遗憾是没有什么能改善糟糕的植物选择。就像维生素片永远不会取代蔬菜一样，好的植物选择和健康土壤的自然循环，是无可替代的。

　　植物是土壤培育的重要参与者。仅举几个例子：多年生落叶植物的根系（它的地下贮藏器官）和豆科植物贮藏氮的能力，是人们目前发现的最佳和最可持续的土壤改良方案。每个秋季和冬季，大部分多年生植物根系死亡。根系留下了空的通道，以及被称为腐殖质的形态稳定的有机物。碳和养分正是用这种方法储存于土壤之中。随着时间的推移，成千上万的根系通道恢复并重建了受到高度干扰和压实的土壤，有机物可以使底层的土壤变得肥沃。根系越多，土壤恢复得越快。为了获得尽可能多的地下根系，植物也要尽量密植，并选用多元的根系形态与不同层次的土壤相互作用。成功的人工植物群落就是这样实现的，将不同的植物形态相互组合，达到尽可能高的密度。地上和地下的每一寸空间都充满了植物。

左　鸢尾属、木贼属、球子蕨属和其他多年生植物的密集生长，养护了詹姆斯·戈尔登花园中的土壤。
右　工程土壤是雨水管理种植的典型代表，其中60%以上是沙子，这些介质完全模仿沿海地区的条件。也就是说，许多传统的雨水管理植物不适应这样的土壤，而沿海植物通常可以成功地栽植。

这个雨水花园的处理方法是把几袋有机土壤改良剂温和掺入，而不是通过大量营养丰富的堆肥让雨水花园修复。目标是在不显著改变场地条件的情况下，为幼苗创造更好的生长条件。在栽植期间，土壤改良剂将与土壤混合。

临时的栅栏和标志保护了新栽植的生物滞留设施，防止除草工人修剪临近的草皮，同时维护人员需要培训并了解哪些区域需要修剪，哪些不需要修剪。

限制干扰的规模和区域

196

　　干扰需要进行场地管理。幼苗栽植面临的最大威胁之一是杂草物种的入侵。许多杂草都是入侵性的，也就是在栖息地里受到人类干扰仍然很旺盛生长的植物。整地活动和种植干扰了场地，为这些杂草物种的萌发创造了理想的条件。在一年中的任何时间，幼苗随时可能被杂草入侵，如斑地锦、毛马唐和木贼等。尽量减少受干扰区域是防止杂草爆发的最佳策略。干扰的越少，需要重新种植的就越少，意味着需要更少的管理和更少的人力物力。

把重点放在种植区域本身很容易，但不要忽视对场地的其他部分进行适当的稳固和保护。任何的干扰行为，无论多小，都会吸引入侵植物破坏新群落。即使仅储存几周的建筑材料也可能形成裸露的地方，成为大蒜、芥末或者柔枝莠竹的理想栖息地。为了防止这样的杂草爆发蔓延到种植区域，建设完成后立即用植物覆盖被干扰的土壤。在裸露的地方播种快速建成的禾本科植物或草本花卉，有助于覆盖地面并防止杂草入侵的发生。

在施工期间（如果有必要，也可在施工之后）通过围栏保护土壤和现存植被，尽量减少干扰和防止土壤压实的最佳方法是不要进入场地的特定区域。用胶合板、临时覆盖物或厚实的土工布覆盖即将种植的区域，防止设备在施工过程中压实土壤。这种方法将机器的重量分配到更大的受力面积上，防止土壤被干扰。虽然在施工范围内似乎很难实现，但是如果土壤被干扰，后果将难以修复。受损的树木、压实的土壤和入侵物种几乎可以毁掉种植产生的所有收益。

场地清理

花费时间和精力合理地清除不受欢迎的植被，可以极大节约后期场地管理所花费的时间。新栽植的植物是脆弱的，它们缺乏与其他侵略性植物竞争的根系和资源。现有的杂草会剥夺目标植物的养分和水分，而且它们凭借高度和较大的叶片质量，排挤幼小的移栽植物。因此，在植物建成阶段要限制潜在的植物竞争。首先在场地上找到所有潜在的入侵物种。当你第一次访问场地时，场地里的小地毯草、南蛇藤、加拿大蓟等臭名昭著的常见侵略物种是一种危险的信号。如果发现它们拥有成熟的植株，几乎可以肯定在未来的几年内它们会存储大量的潜在种子库。有效的措施是用干

了解杂草

为了正确地编写除草和长期控制规范，设计师必须熟悉问题物种或邀请专家讨论。也可以购买杂草识别书籍或下载智能手机APP。同时，无论何时工作，都不要忘记携带它们。

净的表层土代替原有的表层土，或者把干净的土壤加到现有地面的表层，尽量避免维护的噩梦。

无论何时，尽可能避免使用重型设备，因为通常情况下，大型机械的效率仅仅是看起来很高。雨水花园多由反铲挖掘机挖掘，通过滑移装载机完成细节工作。不合适的或过大的设备造成的损害远大于益处，而且使场地从压实和不必要的干扰中恢复过来，需要一段时间。在等待把机械运送到现场的时间里，一个五人小组可以用三把耙子和两把铲子准备种植区，同时避免土壤压实。

除了功能问题之外，杂草丛生的场地也会给幼苗种植造成形象问题。我们经常把杂草与野生的田地和杂乱的庭院联系起来，它们展现了一种荒地的形象。特别麻烦的问题是，幼苗的混合种植往往缺乏成熟物种的结构和花卉，这使得那些不热衷于园艺的人难以区别幼苗和杂草。当人们无法从杂草丛生的领域中区分出场地内新的植栽，可能会造成投资减少的恶性循环。吸引人的、维护良好的植物则刚好相反，它们吸引并鼓励人们进行更多的照料。

198

上左　重型设备会造成土地压实和较深的轮胎车辙印记。
上右　五月中旬出现的多毛的杂草（*Digitaria sanguinea*，马唐）产生了威胁，会抑制新移植的幼苗。在移植前覆盖几英寸干净的表土可以预防杂草爆发。
下左　即使在土壤分级后耕种，也可能需要几十年的时间才能将植物及其根系恢复到施工前的状态。
下右　在可能的情况下，高效的场地准备手段是烧掉不需要的灌木丛，为种植留下空白的区域，限制土壤干扰并回收植物必需的营养元素。

上　红车轴草、百脉根和大狗尾草等不需要的物种蔓延在这个场地。体型较小的植物很难与之竞争，因此这里看起来更像是一片休耕农田，而非人工种植。

下　正确的工具很重要，不受欢迎的深根性植物必须彻底清除，如果在土层中存留一小块根茎，它们都可能恢复生长。

杂草去除技术

除草工具	材料	益处和挑战
覆盖	再生纸和纸板 有机覆盖物（树皮、木屑、堆肥） 清洁的表层土	在增强种植中较难应用； 非常适合容器种植，而不适合播种； 如果覆盖层较薄，可以在原生乔木和灌木附近安全使用； 雨水和过滤材料对土壤健康影响较小； 需要很长时间才能杀死深根系的物种
喷雾	有机除草剂 传统除草剂	用于增强种植（喷雾后）或新的种植； 一些除草剂可能对人类和环境有害
机械清除	用手除草 机械（旋转割草机，剪线机）	可用于增强种植； 手动或用机械； 造成高度干扰
燃烧	丙烷燃烧器 滴水火炬	可用于增强种植； 燃烧的碎屑使植物的基本营养物质可立即供给其他植物； 不耐受火灾的物种可选择性地降低压力，如冷季禾草冬杂草
覆盖栽培（排除竞争）	种子	需要较长的前置时间； 植物覆盖可以成为未来设计的一部分； 可以肥沃和改良土壤（豆科植物以氮肥沃土壤）； 临时解决方案缩短了场地准备与种植之间的时间

左　人流步行交通严重压实了土壤，这是人口稠密后的常见景观问题。
中　这里的土壤因多年的停车而被高度地压实，用镐和铲子挖掘测试坑可以展示浅土层的情况。
右　不要在大树下的密实场地进行种植，以免损坏敏感的表层根系。这里可以用钻孔机打孔进行杯苗的移植。

去除杂草的所有部分，也包括根部和其他地下储藏器官。条件允许的情况下，需要特别注意去除存储在土壤中的种子库，或者令其休眠。不要低估土壤中可能存在的杂草种子的体积。一平方英尺的地方可以存储成千上万的种子，它们积累数十年，一直处于休眠状态直到适宜的时刻。在杂草最脆弱的时候将它们作为目标，每种杂草的生命周期都有弱点，也就是我们需要采取行动的时候。通常，喷洒或割草的最佳时间是杂草刚刚出苗，或刚刚成熟尚未播种之前。这需要你了解关于杂草生命周期的一些信息。像柔枝莠竹这样一年生的植物，在10月初种子成熟之后喷洒除草剂，就是浪费时间和资源，它们会在第一次霜冻后死去。如日本虎杖这些快速生长的多年生根茎类植物，最佳的处理时间是叶片较少的早春，喷杀措施可以集中在植物基部。如果场地存在特殊问题或者不受欢迎的植物，你可能需

199

要花费一整个生长季（甚至可能是两个）来清理杂草。

选择最适合于场地和资源的除草策略。从化学的或栽培的快速技术，到需要更长时间的软技术，有许多除草方法可供选择。在新的种植中，隔板技术发挥着作用。在增强种植中，采用更有针对性的技术非常必要，它可以保护目标物种，尽可能不引发干扰。以下图表概述了最合适的除草技术。

压实度识别方法

压实度识别方法	描述	限制根系生长的水平	优点 / 缺点
金属桩试验	任何可以被推入地面的直桩	直到你不能将 6~18 英寸的桩子推入地面	一种容易识别潜在压实区域的技术；桩体易于穿过未压实的土壤；不科学的，不可测量的
锥形透度计	一个简单的金属桩，上面有一个仪表。将桩柱推入土壤时，它会以 psi 为单位测量阻力	160~300 psi	粗糙度的压实水平，模拟根系的运动；模拟根系运动，对压实水平进行粗略计量；相对实惠；易于使用，可以进行多个采样；透度计不能测量土壤中根系可以穿过的孔隙（冻融 / 蚯蚓）
体积密度试验	体积密度是给定体积中土壤重量的量度。体积密度随着压实度的增加而增加	约 1.6g / cm³	压实度测量的最可靠措施之一；难以测试；需要特殊设备和烘干箱；测试方法复杂；较难获取大量样本；留有人为失误的余地

201 在种植前处理压实的土壤

在城市和郊区环境中，几乎所有我们遇到的场地都有过不同程度的土壤压实经历，它们都是由工程建造、场地准备、雨水径流或人为使用造成的。事实上，普遍存在的土壤压实破坏了种植，令人惊讶的是，几乎没有设计规范说明如何处理。

土壤压实阻止了雨水和灌溉用水渗入土壤，并形成径流，即使水量充足，植物根系也无法获得水分。由土壤压实引起的厌氧条件使微生物难以生存。有些植物依赖于这些微生物，并与之共生。因此，如果土壤微生物不健康，就不会实现所有植物的健康生长。如果土壤容重超过一定限度，植物就不能将根系伸展到足够的深度，获取在炎热天气下所需的水分。当土壤压实程度达到这个水平时，植物就需要我们的帮助。

识别土壤压实的方法有若干种，有些是高度精确而繁琐的，而另一些则是简单但并不十分严格的。选择适合场地和预算的方法，先从最简单的开始。如果项目需要更多可验证的技术，请使用如下方法。

在处理土壤压实问题时，设计者的第一反应可能是耕作，但它会导致土壤产生问题。翻耕土壤时，土壤表层几英寸厚的压实部分可能被破坏，但不会穿透更深层的土壤。土壤压实经常发生在土壤表面以下几英寸甚至一两英尺。耕作虽然会使土壤松散并混合，但松软的土壤不一定就是好的

正确的场地准备为茂盛的
人工森林植物群落奠定了
基础。

土壤。园丁们长期对松软的、精耕细作的土壤充满着浪漫情怀，把它作为
终极的种植基质。但是耕作的问题是破坏了许多土壤孔隙，最终引发土壤 202
下沉。在蓬松的土壤中直接种植，水引发沉降并减少了土壤空隙，一周后
会露出根系和敏感的植物根冠。如上所述，耕作还可能破坏土壤的微生物
网络，并从底层土壤中带出休眠的杂草种子。深耕或亚耕作是不错的替代
方法，它不会破坏土壤的结构，并松弛压实的土层。与常规的耕作不同，
深耕保持了土壤的自然层次，同时为空气、水和根系创造纵向生长的通道。
深耕的纵深可抵达压实土层。对于小型的城市场地，犁耕是不可行的，需
要考虑使用一个步随式垂直开沟机或核心增氧机。

　　糟糕的土壤压实不会自然恢复，如果水和根系不能穿过硬质层，压实 203
情况会持续几个世纪。然而，植物和土壤进化的自然过程（冷冻／融化、潮
湿／干燥、蚯蚓松土）可以缓解中度压实的土壤。随着时间的推移，根系可
以穿透并松动泥土的内外层。人工植物群落加速了这一过程，因为它提供
了多元的根系类型，有助于穿透不同深度的土壤。每个新的根系都是一个
小钻头，可以打开空隙，分层植物的多样性提供了传统种植所不具备的重
要生态功能。

　　为种植进行场地准备都是为了进入下一个阶段，即根系生长和培育土
壤的自然过程。它视土壤为植物的生命伙伴，而不是我们必须接受的惰性
材料。在早期的竞争管理中，设计师还要保护植物免受侵略性植物的攻击，
等候被干扰的土壤能够被使用。忽略这个过程将使后续的场地问题更加复
杂；提前完成这个过程，可能会使多年的茂密种植收获丰厚。

种植：利用植物的自然生长周期来实现优势

植物群落种植方法与传统种植方法在如下几个重要的方面有所区别。首先，栽植实践要基于植物的自然建成规律，而不是项目的截止日期和开幕式。因为我们关注植物的混合，每种植物都有不同的代谢和竞争策略，我们需要认真地安排种植的时机，将项目进度与植物的最佳生根时间匹配。其次，我们的方法来自于种植垂直分层的原则。最后，我们将植物分层种植，确保在种植时每层的设计形态和功能关系都很清晰。

在宾夕法尼亚州兰卡斯特为雨水管理系统种植人工植物群落。

在马里兰州巴尔的摩这个严酷的城市景观环境中，种植后不到一年的时间内，几乎所有的小型植物都在从苗圃到场地的过渡中幸存下来。

这个方法提升了设计者在种植过程中的作用。在施工期间，项目需求经常优先于种植需求。由于计划变更、预算削减，以及糟糕的植物储备、选择和栽植等许多问题，精心构思的种植方案可能会而逐渐平庸。设计师了解那种沮丧感，种植计划从四月持续到酷暑，眼看着植物清单上的半数植物被承包商用更便于获得的植物代替，形成了令人痛苦的混乱配色。在种植期间，人工植物群落需要特殊的支持，不仅需要更好的规范，还需要现场指导和设计。

出色的种植实践可使移植成功率达到100%。让每一次移植都能存活，让所有种子都可以顺利萌发。如果做到这一点，种植将是真正可持续的，并削弱了对替代植物、化肥和持续灌溉的依赖。

植物建成的最佳时机

在种植场地准备就绪之后，种植必须立即进行。该策略的主要目的是防止杂草侵入裸露的土壤。但是，土壤退化也是一种威胁。当土壤暴露在阳光下、在雨水和极端温度变化中时，它会破坏微生物和营养物质之间微妙的平衡。储存在土壤中的碳是有机物质的主要成分，是植物营养的重要来源。从植物的角度来看，土壤的功能包括保水、结构和肥力等重要方面。当土壤暴露于阳光和空气之中,碳以二氧化碳的形式氧化。经常耕种的土壤，包括世界各地的农田，已经损失了原来碳储量的50%~70%，其中一个原因是研究人员过分关注了再生农业的实践。土壤暴露的时间越长，植被生长的难度就越大。为了让场地中的植物再次快速生长并迅速成熟，尽可能利用多种植物建造密集的植被覆盖。

如果项目计划表不匹配最佳的种植期，可以考虑用作物覆盖技术，调节场地准备和植物种植之间的空白时间。作物覆盖价格低廉，易于种植。在大多数情况下，它们从种子开始种植，在完成准备工作之后，种子很容易在场地上进行播种。不同品种的三叶草、豌豆和紫云英都是豆科植物，可以在土壤中固氮。一年生黑麦草等非豆科植物则可以作为伴生作物，覆盖土壤并吸收土壤中过量的氮。一年生的伴生作物可以是温暖或凉爽的不同季节中的植物，它可为设计师提供一年中不同时间的多种选择。对作物覆盖或伴生作物的选择应根据目标进行。如果目标是恢复土壤肥力和微生物活力，豆类可能是一个不错的选择。如果目标是防止入侵，一年生草本植物可能会更好。考虑一下你的时间表。荞麦、燕麦和萝卜等植物发芽迅速，但冬季容易枯死；三叶草等其他植物的生长速度较慢，并不适合作为好的短期作物。可以咨询草地专家，或者请种子供应商为项目选择最佳的品种。

作物覆盖不适用于所有项目或进度表。土壤裸露只有几周时间的小型城市项目，应考虑用临时覆盖物。同时，种植之前应清除多余的覆盖物。

播种后的一周，豆科植物和深根萝卜混合种植的作物开始出苗，衔接了初夏最后的场地准备与秋季栽植人工植物群落的时间。

206　在隆冬时节进行作物覆盖也是不适合的。在这个时期，可用轻薄的有机材料（例如碎叶）保护土壤，直到适合种植的时节。

　　一个最重要的时间考虑是尽量在植物生长的旺盛期进行栽植。这样可以获得最高的植物存活率，尽管它缩小了最佳的种植期，时长仅为从春季最后一次霜冻到秋季初霜之前的几周时间。如果在适宜的时期进行移植，浇水量可以减小到最低限度，植物的损失也要低很多。距离植物的最佳种植期越远，植物建成就需要越多的浇水与照料。理想情况下，种植应该在一年中降雨频率较高的时段进行，尽量减少对灌溉的需求。

　　人工植物群落的物种有各种各样的代谢和生命周期，如冷季草和暖季草、一二年生植物，以及春季短生植物。这些生命周期的范围与传统的单一品种的区块种植有很大不同。在人工植物群落中，一些物种在栽植过程中可能会蓬勃生长，而另一些则不然。例如，暖季草在夏末种植会处于最佳状态，但是春季短生植物可能在同期完全休眠，水仙、猪牙花属和滨紫草可能根本没有任何叶子。大多数多年生林地植物在5月份已经全部展叶，但一些草甸植物或一年生草本直到夏季气温升高后才能蓬勃生长。对于大多数项目而言，不同植物类型的种植时间相隔几周甚至几个月是不可行的。相反，设计师应该尝试以各种方式进行种植，如容器、裸根、球茎、活桩、播种和插条。每种方式都有自己的施工要求以实现成功种植。您可能需要对不同的类型，按照不同阶段进行排序，晚春栽植多年生植物，晚秋栽植球根植物。如果你不熟悉正确的规程，请尽早与当地的植物专家、苗圃种植员或种子供应商联系，以确保所有移植均能存活。

　　虽然每个植物喜好的种植时间不同，但设计师应该把重点放在大多数植物的最佳种植时机。下面的图表说明了不同植物种类的不同生长周期。

种植时间表

最佳的种植时间取决于植物的新陈代谢、形态和种植方法。本表格简要概述了随植物种类变化的种植时间。

种植种类	一月	二月	三月	四月	五月	六月	七月	八月	九月	十月	十一月	十二月
暖季型植物												
冷季型植物												
春季短生植物								裸根	裸根	裸根		
乔木和灌木												
混合播种												

休眠的、裸露的或常绿的叶子	落叶，春季叶片萌发	盛夏的叶子，开花和结实	初生的冬叶	冬天休眠，叶片掉落，部分常绿叶片掉落

表示最佳种植期

尽管时间表具有多样性，但从仲春到初夏，从早秋到中秋，这些时节适合绝大多数植物。这段时间也可以把球根种植作为目标。特殊类别的种植方式，如裸根植物或球根植物，也可以在理想的时间内后续种植。

植物选择：高规格的并非总是最好的

207

传统的景观标准往往侧重于选择最大、最完整的样品。植物列表青睐规格较大的树木，标准要求植物饱满圆润、顶部形态繁茂。项目预算越高，所需的植物尺寸越大。事实上，全部的规范实施都侧重于美学品质，寻求完美的个体样本。这些标准建立在一种文化的基础上，这种文化奖励即时的变化和转变，但真实的景观生长是缓慢的。

当然，重视高质量的植物材料一定是好事。但问题在于传统的标准过于把质量等同于尺寸和茂盛程度，太多的设计师和承包商错误地认为在大型容器中栽植的植物将创造出更加成熟的景观。景观的建成并不是植物大小的产物，而是植物在当地土壤中成功地扎根。把一棵完全长成的树或多年生的花放到异地土壤的想法，剥夺了它在这片土地上生长的机会。移植还会损害主根，对于植物的正常生长来说，许多培植容器深度太浅。如山核桃、桔梗和赝靛属的深根性物种对此非常敏感。

211

现实中，幼苗时期就在原土中生长并与之相互作用的植物，通常是生命力最强、最健康且最有韧性的。例如，一个胸径 2 英寸的橡木可能会在 5~7 年内超过一个胸径六英寸的植物。在某种程度上，移植后的大型植物受到伤害，它们在移植过程只保留了 55% 的根系表面积，严重损害了植物的基本构造。

在种植容器中，根系会被种植的泥炭土（有时称为糖果土）腐蚀，而许

亚当·伍德拉夫（Adam Woodruff）的种植方式将具有不同新陈代谢方式和地下形态的物种相结合。在种植过程中，选择不同的容器尺寸和球茎，需要考虑不同的发育阶段。

多移植在较贫瘠土壤中的植物离不开容器中的混合物。如果场地土壤贫瘠或有机物含量较低，会产生很大问题。作为一名设计师，你是否曾经从土壤中挖出过枯死的植物，尽管它已经建成多年？植物的根系没有生长到周围的土壤中，当它不能获得充足的水分维持类似容器的条件时就会死亡。在种植之前，如果使用株型较小的植物，把它们根系上的泥炭混合物冲洗或甩掉，将有助于避免这个问题，它会迫使植物将根部扎进周围的土壤中以求得生存。

小型的植株还有其他实际的好处。在成形的树冠下进行景观种植，它们对现有的纤维根系损害较小。它们也节省了时间和金钱，尤其是在种植密集的情况下，能降低种植成本、施工劳动力以及运输和处理成本。包装材料及有争议的泥炭介质的使用影响也被最小化。出于所有这些原因的考虑，近年来已经有一些变化，即项目转向使用尺寸较小的植物。

替代一加仑大小的种植容器，有一个不错的选择，即使用细长育苗杯。这些植物的根长而深，生长在典型的尺寸不小于 30（厘米）的托盘上。常规的育苗穴较浅，是为移植前在较大种植容器中培育植物而设计的。然而，细长育苗杯的深根设计是为了能够将植物直接种植在土地上而设计的。它们可以用手持螺旋钻快速移植。每人每小时可以种植 50 多个细长育苗杯，

在大容器中栽植的成年植株通常更快生长到成熟的尺寸，用密集的植被迅速覆盖种植区域。

相比之下，一加仑大小的容器只能种植几个。大型植株的移植通常需要灌溉几个月，与之相比，细长育苗杯通常只需要灌溉几星期。

体型较大的容器植物需要较长的时间适应场地。在草本层中，许多长寿的结构性植物生长尤其缓慢。胡氏水甘草需要三年才能成熟，因此像胡氏水甘草、澳大利亚赝靛和柳叶马利筋适于种植在大型容器中。许多顾客不愿意等待这么长的时间，因此会使用更加常规的一加仑大小的容器，以减少几年的生长过程。

快速建成但寿命较短的植物与缓慢建成但寿命较长的植物几乎混合生长在每一个群落中。两组植物都扮演着重要的角色。快速生长的植物能迅速覆盖土壤，为稳定创造条件，而长寿的植物则最终成长为群落的中坚力量，维护群落的持续。当我们同时把所有不同的植物种植在一起时，必须确保侵略性更强、生长速度更快的植物不会淘汰或扼杀生长缓慢的物种。使用株龄不同、容器尺寸不同的植物是协调不同植物生长时间的一种策略。理想的种植模式如下：1 加仑大小的植物用于株距较大、生长缓慢的结构性植物；1 夸脱大小的育苗穴植物用于大多数的主题层和地被层植物；快速发芽的植物种子用于填充层；稍大的植物材料用于设计层，尽管其他层已经填满了植物，这样做仍有助于种植层次更清晰。

在选择植物时，不要关注它是否花繁叶茂，而要注意植物在场地中是否能够顺利地进行移栽。许多苗圃批发厂家专门为零售市场服务，而不是

212

左　用于种植杯苗的手持式螺旋钻是一种快速高效的工具。

右　细长育苗杯可生长 5 英寸深的根系，具有防根系缠绕的导杆。同时，还要注意生物量在地上部分和地下部分之间的平衡。

仅仅服务于景观种植。他们生产植物的目标是繁密的叶子和花朵，而不是发达的根系。现代温室中完美的生长条件使植物即使没有发达的根系，也可以茁壮生长。但是，只有健康的根以及坚实叶片与健康根系的比例适当，才能使植株移植成功。检查容器是否运用了防止根系缠绕的控根技术，确保植物在运达现场之前依然坚挺。例如红花半边莲这些物种，在开花之前需要经历一次春化作用。可以要求苗圃根据项目的特定栽植时段来培育植物，这将保证苗圃植物在移植之前保持坚挺。

选择能够形成生物多样性和韧性的植物。从不同种源生长出的植物通常更具有韧性，会在景观中相应地形成多样化的种群。向苗圃专家咨询特定物种的繁殖方法。如果种子是从不同的大型种群中收集而来的，繁殖出的物种通常具有最强的生物多样性。许多植物可以通过组织培养或扦插进行无性繁殖。虽然这种培养方法保持了亲本植物的观赏特性，但是却降低了植物整体的遗传多样性。

213　　亲自去苗圃考察繁殖技术。如果无法做到，可以让苗圃向您发送为此项目预留的植物图像。大多数苗圃专家都乐于分享包括植物根系在内的植物图像。在种植计划中指定精确的根茎尺寸。由于各个苗圃所使用的容器大小各不相同，这导致了招投标过程的混乱和不准确。据推测，相同价格的 1 加仑的容器中实际上可能只含有四分之三加仑的土壤介质。应当使用标准化的容器分类系统，以便正确规定容器的尺寸，例如美国国家标准协会的 SP 编号。

人工植物群落的布局

设计师和施工现场具体情况之间的脱节，是导致项目失败的主要原因之一。设计师是场地植物种植设计的最佳人选。他推进设计并实现场地的愿景。设计师必须在现场，保证不出现不适当的植物替换，核实数量并定位植物位置。确保按照成本和进度安排必要的时间，以便在场地进行植物布局和种植。

株距

尽管有许多观点相反，但容器的大小并不能改变最佳的株距和数量。无论植物是从一个小育苗钵还是一个 3 加仑的容器开始生长，它最终都会长到同样的宽度。虽然有些植物的初始形态较大，但这并不意味着它们的株距可以相隔很远。植被不充分将带来灾难性的后果。不要试图通过修剪植物和扩大株距来节约资金。相反，而应使用较小的植物和种子，或者减少种植的总体面积。

在计算株距和数量时，要以成熟植株的大小作为基础。请记住，植物密度是植物群落的标志，它并非由植物的密集种植实现，而是要在种植过程中创建若干的垂直分层。每个分层都基于植物社会性、习性和成熟植株

株距

株距的确定基于植物的成熟宽度以及它们的活力和生长习性。一般来说，高大植物的株距比地被植物更远。

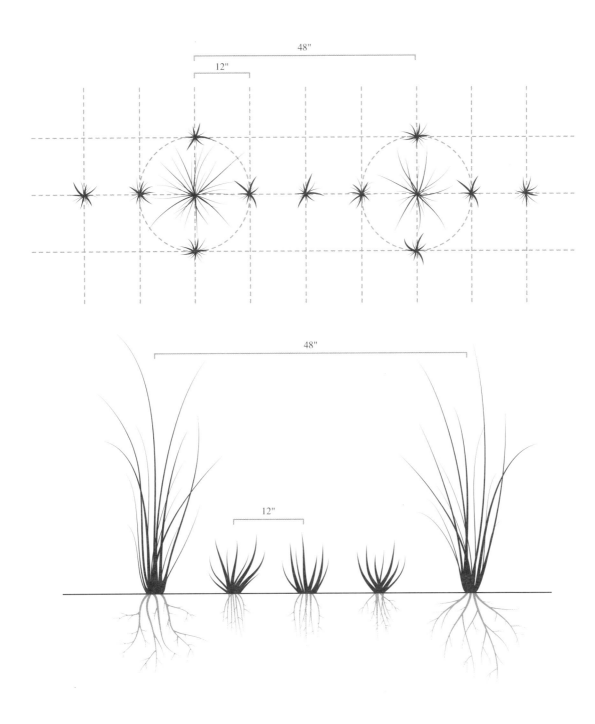

的尺寸，拥有自己的空间。要特别警惕一刀切式的株距确定法。许多网络资料表明，基于传统园艺植物组合的株距使植物相距太远。我们正在创造的是一些不同寻常的想法，即株距必须以"层"的概念来理解。一般来说，株距可为中心间距 8~12 英寸。然而，这个间距体现了地上和地下形态的组合，以防止植物之间的互相竞争。例如，以 10 英寸为株距种植柳枝稷过于密集，将会限制其最佳生长。作为替代选择，柳枝稷的株距应为 36 英寸，两株之间可以用较低的地被层覆盖。两层的平均中心株距都接近 10 英寸，但每一层都按照成熟植株的尺寸进行种植。

215 　　某些特殊情况需要更密集的株距。极易被侵蚀的场地或处于杂草极度压力下的场地可能需要密集的株距，以便植物能快速稳固场地。或者你可能有一个缺乏耐心的客户希望尽快看到郁郁葱葱的景观效果。如果是这种情况，有选择地缩减株距是必要的。维护成本极低的预算方案也可能需要预先种植更多的植物。有些项目缺乏除草和浇水的维护能力进行，也需要植物更迅速地覆盖土壤。

分层种植植物

　　由于人工植物群落的分层设计，因此种植也应该分层实施。种植方案应按照分层分开进行或用颜色编码；如果没有，应该在种植前准备植物种植手册。如果有两套或三套图纸，每套图纸代表一个分层，种植会更加容易。第一套显示结构性和框架性植物的确切位置，第二套显示季节性主题植物的范围和生长趋势，最后一套规定地被混合植物应当种植在其他层之下还是之间。

　　第一步：小心放置结构性植物。精心布置这一层的植物，确保设计层运作良好。这些植物通常是设计中数量较少的物种。

　　第二步：安排季节性的主题植物。在这一步你无需像第一步那样小心。由于季节性主题植物通常种植的数量较多，因此株距就变得不再那么重要，

左　在布局之后可以马上种植结构性植物和季节性的主题植物，以防止根系变干。一旦种植，它们将不可调整或移动。如果需要更多的时间进行最终的调整，可以在布局过程中给植物浇水，以保持根系湿润。

右　作者克劳迪娅·韦斯特（Claudia West）在预先安排好的植物之间种植地被植物。

左　所有植物在场地中安排好之后，如果有必要的话，可以返回场地并调整布局。这一步是种植前调整构图和修正错误的最后机会。

右　动态植物在种植后也可以播种到空隙中。黑心金光菊以种子的形态越冬，5月上旬在金光菊之间的空隙中萌发。

而应该考虑种植的范围和生长趋势。

第三步：用地被填充基层种植

这个思路更像是放置种群而不是单株植物。将这些植物进行完美排列并嵌套在矩形网格中并不是首要的事，因为它们被假定可以形成密实的地被，并且可以自播或无性繁殖。两年之后，所有精心安排的额外劳动都看不到。与其把它们安排在网格里，不如集中精力把它们均匀而密集地排好。种植结束之后，再次步行穿过这个场地，确保这一层没有空隙，因为在一到两个生长季内植物无法自行填充。

第四步：植栽动态的临时物种与球根植物

这种策略将临时物种种植在所有其他层之间，它们会在一年或几年之后消失；它们仅仅只协助覆盖地面，直到更长寿的多年生植物长成。

在早春，球根植物可以创建季节性的主题，但必须与场地的地被植物配合使用。需要了解的是，由于它们的代谢和形态，通常不会直接与其他层竞争。因此，它们可以在某种程度上独立于其他层进行排列。

种植计划只是一个指导

真正的设计是在现场发生的，需要花费时间弄明白正确的布局。先放置好所有的植物，然后返回去调整位置和间距。不要让种植工人或焦虑的房主催促你。在工作人员进入之前，所有植物必须进行布局和调整，这一点必须要让承包商知道，他们可能希望在你布置的时候，现场的工作人员少一些。人工植物群落的场地布局比常规的单一种植复杂得多。最终结果往往使客户与种植人员感到困惑。所有的小型植物看起来都很相似，在这个时期几乎看不到图案与设计手法。请在布局之后花一些时间向客户解释设计意图，帮助他们了解在植物的建立过程中会发生什么，以及随着时间推移，不同的设计层将会如何显现。与客户进行种植后的沟通是非常有价值且可靠的。

216

217

高效而成功的种植

　　植物布置完毕之后，你需要与安装人员迅速将植物移植到土里为根系遮阴降温。如果移栽的植物暴露于场地中，会很快变干。虽然匆忙，但要确保正确而仔细地进行种植。

　　许多容器培育的乔木和灌木运达现场时，根系都存在严重的缠绕现象。如果想小心地解开这些根部缠绕，可以在根部土球外侧做垂直划痕，更好的方法是用金属钩拉松根系，使之相互分离。多年生植物或多或少都具有落根系统，每年大部分的根系会死亡。如果在秋天种植根部缠绕的容器苗，几乎不需要打结处理。

　　空气是根部的先天障碍。如果种植后土壤还有气穴，植物将需要更长的时间才能长成，并且可能会更快地变干。要培训工人在种植时将根部土球周围松散的土壤缝隙压紧。这个技术能消除较大的孔隙。在植物种植之后，通过手动灌溉彻底填充较小的孔隙。第一次灌溉主要是让泥沙填充这些孔隙，而不仅仅是保持植物的湿润。高架喷头几乎无法正确地做到这点，它仅能浸湿土壤。手动灌溉虽然需要更长的时间，但使用正确的喷嘴和水压时，可以冲洗泥沙以填充孔隙。如果做法正确，植物将会更快地扎根定植，明显地节省时间和金钱。

　　种植区的边缘需要格外小心并特别注意，它们是有序的种植框架的一

上左　这种土壤已经用叶片堆肥进行了大量的改良，并且被翻耕。随着时间的推移，雨水会腐蚀叶片，有机质会分解，土壤会沉降。将植物进行深度种植以防根部暴露。

上右　相比多年生植物，乔木和灌木经常在容器中生长更长的时间，更容易出现根部打结。解开根部时务必小心，否则会造成严重的破坏。

下左　如果根系干枯，种植前的浸泡有助于根系吸收比简单灌溉更多的水分。完全干透的容器苗很难浇灌，尤其是生长在泥炭疏水性土壤介质中的植物。

下右　类似日本钩子这样的工具在打开根系时非常有用。

部分，并且非常明显。种植边界可以非常清晰地体现养护水平。因此，清理边界是很重要的工作。在其余区域种满植物之前，首先要确保正确完成边缘处理。与其余部分的种植一样，边缘种植必须要考虑成熟植株的宽度。特别是植株如果被草皮包围，边缘应种植更密集或更有竞争力的物种，以防止草坪草入侵。使用整齐形态的悬挑植物遮盖路缘和结构边缘。将较高的植物种植在距离边界足够远的地方，以免在暴雨或暴风后翻倒在路上或翻出种植床。这个简单的原则能防止出现形态不佳的问题，并节省后续的维护费用。

附加种植提示的差异

218

在翻耕的土壤中种植。耕种会使土壤变得蓬松而不宜种植。含气较高的土壤会沉降，如果在这种土壤中种植，植物的根和根冠可能会暴露。在种植前，应充分地灌溉土壤（或等待下雨）使其沉降。

在有机物较高的土壤中种植。大部分有机物会在几年之内分解。被大量改良的土壤也可能会沉降，并暴露根系。如果是这种情况，植物需要比正常情况种植得更深，但要注意不要用土埋住植物根冠或树干基部。相反，要在远离植物中心的地方堆土，避免雨水和灌溉水把土壤冲刷到植物根冠之上。

去除"糖果"土。如果你正在种植大型容器苗，要仔细清除厚重的泥 219 炭土。如果你用育苗杯种植就不需要这个步骤，因为它们的土壤体积要小

上左　午餐或休息之前，尽量在现场多栽种植物，避免让植物在缺乏灌溉的情况下静置太久。
上右　栽植过深或深度不够都需要极力避免。
下左　种植后，用力压实土壤，填实根系周围的孔隙，使根系与周围的矿质土壤相连。
下右　栽植后浇水是非常重要的，它有助于泥沙填补地下空气间隙。

得多。在种植前，将塑料桶或手推车装满水，并将容器苗充分浸泡，直到排出所有气泡，根球完全饱和。当根球浸在水中时，用钩子轻轻地解开根部，使盆栽土壤脱落。

永远不要填埋树干基部和根冠。 种植乔木和灌木时预留足够的高度，使它们的树干基部能正常生长。防止未经培训的维护人员用过多的覆盖物埋住敏感的树干基部。只有一球悬铃木等少数的洪泛区植物能够适应覆盖树木基部，而不会得病或因根部缠绕最终令树木窒息。多年生植物对根冠覆土或护根物反应更为敏感而迅速。

如果土壤十分潮湿，有些物种可能会在几天内出现疾病或腐烂的迹象。还有一个很大的问题，如果你在陡坡上种植，土壤会随着时间的推移变得松散。稳定斜坡首先需要使用防塌植生毯或椰纤毯。一旦土壤被牢牢地固定到位，就应从上往下在坡面上种植，以免多年生植物被过多的土壤所覆盖。

宾夕法尼亚州兰开斯特市的雨水管理系统，已经为种植做好准备（上图），场地进行了精心种植（下图）。

只有全部的种植环节都正确地实现，人工植物群落才能在从苗圃到场地的移植过程中存活并正常生长。栽植前后的植物最容易受到伤害。新的光照强度，更多的阳光和风，以及新的病虫害都可能对它们产生影响。除了植物面临的复杂性之外，设计师们也遇到了更多的挑战。种植过程涉及方方面面，包括客户、育苗人员、运输和施工人员。成功的项目需要在各方之间进行清晰明确的沟通，共同致力于执行设计愿景。设计师必须坚持正确的流程，亲自在现场进行设计讲解。只有设计师与现场工作相互关联，项目才能顺利过渡到长期护理的下一个阶段。

管理创新：保持设计的可行性和功能性

现在艰苦的种植工作已经完成，最令人兴奋和愉快的部分开始了：观察独特的植物群落形式及其演变。植物开始生长并相互作用，自我寻找相应的生态位。放置在场地中的所有层次随着植物的成熟清晰可见。群落将显示出植物分层方案是否有效，以及所选物种是否真正地适合场地。

重点在于创新的管理，而不是传统的维护。后者专注于以不同方式处理单株植物：在玫瑰上喷洒杀菌剂，为木槿提供额外的水分，修剪红豆杉使其保持在窗下的高度。管理创新侧重于保护整个群落的总体行为。这种管理是目标导向的，它为措施提供目标，而不是盲目地应用传统的维护流程。这些目标源于试图创造的原型景观的想象，以及推演设计的目标和模式。

由于群落的动态性，对它们进行管理是一个创新的过程。随着时间的推移，如何管理植物，比决定如何种植和植物外观更重要。这是一个体味群落变化并轻轻揣摩事物的反复过程。这个过程不仅需要根据实地发生的情况来调整种植，而且还要调整策略和技巧。

管理创新也促进了设计师与管理团队合作的需求，即解释设计目标并讨论实现它们的各种技术。无导向管理的结果可能是灾难性的，如群落破败并最终消失。作为固定和长期的顾问，设计师必须是植物生命的一部分。

管理的需要

每一次种植都需要监督。即使是超级城市的屋顶种植或街景，也会发生演替、竞争和共生。自然植被有能力在任何地方繁殖，很可能在幼苗之间出现并威胁到种植的完整性。深厚而肥沃的土壤特别脆弱。树池、雨水花园和人工花园通常有肥沃的土壤，是众多不受欢迎的植物理想栖息地。新生植物解体并失去多样性和功能性的速度令人担忧，尤其是在千屈菜属和芦苇属等入侵性的无性繁殖物种存在的前提下。雨水花园被香蒲全部替

221

222

代的速度，使场地管理者惊讶。如果没有管理，人工植物群落可以快速转变为场地支持的另一种植物群落，一种并非大家所期待的群落。

当然，可以采取一系列策略来对抗不受欢迎的植物入侵。但即便如此，智能管理也是必要的。尽管我们选用与场地生境匹配的物种，并且每层都

223 覆盖了密集的植物，但这些策略并不总能阻止自发的入侵者。为了保持种植在视觉和功能上正常运行，为每个层次选择的相应物种只会减少其所需的工作量和资源。

哪些自发生长的植被需要保留，哪些植物需要清除及如何清除，都是

在丰富的种植组合中，植物种群会相互影响和变化。如果没有专业的维护和指导，缤纷的色彩都是暂时的。

人工草地群落（左）正被肆虐的柔枝莠竹（*Microstegium vimineum*）侵占。若不进行管理，种植可能很快演变成满铺的柔枝莠竹（右）。

加拿大一枝黄花（*Aquilegia' Corbett'*）（左）和"焦糖布鲁莱"（*Coreopsis'*）（右）等短寿物种将在几年后消失；如果不重新植入，则会出现间隙。

种植管理的核心内容。为了保证短生种群的存活，自发生长的植物是必要的。另一些自发生长的植物可以帮助一种原型转换为另一种原型。例如，自发生长的乔木和灌木幼苗可以将草地群落转变为林地植物群落。某些植物的缺失并非是件坏事，特别是发现植物不能适应这个地方的时候。由于种植面积有限、遗传多样性、种群规模或干扰程度的影响，有些物种可能会减少。在最理想的情况下，自发生长的物种实际上消除了死亡植物更换的需要。它们是唯一的有史以来最具可持续性的种植方法，是栽植期间昂贵的苗木种植和土壤干扰的完美替代品。

　　如果目标是提高生物多样性，就必须增加种群数量，以保持种植形态和功能的品质。例如，紫松果菊是一种极具吸引力、花期较长的草甸植物，但通常寿命较短。持续炎热干燥的夏季可以阻止其种子大量形成，从而减少其在种群中的数量。为了防止不受欢迎的物种填充这些空隙，可能需要添加相同物种或其他物种的新植物，以确保丰富的视觉和功能的多样性。尤其是填充层通常包含许多物种，如短生多年生植物或填充种植间隙的两年生植物，作为总体设计的关键要素，它们可能需要多次更换。

分层管理

224

　　两个总体目标塑造了你的管理实践，并保持设计的易辨识性且确保植物能按需要的方式发挥作用。在一个建成的植物群落中，许多植物层次彼此相融，形成有凝聚力的整体。尽管在美学角度上可能是受欢迎的，但是在概念上具体的管理工作是难以理解的。因为群落是在分离的层次中进行构思和种植，所以管理策略因不同的层次进行考虑是有帮助的。以园艺为导向的种植依赖于观赏效果，它的目的与乡村地区更注重功能性的雨水管理种植不同。记住，环境是至关重要的。结构层往往在园艺领域更占有地位，而地被层则遵循着生态土地的管理原则。

保持有序框架的干净整洁

框架传达给人们的种植印象，就像植物本身一样多。整洁的人行道、彩绘的围栏和修剪的树篱体现出精心的管理。公众甚至可能没有意识到保持良好的框架所蕴藏的信息，但是可以清楚地看到人们行为的效果。精心维护的框架会使垃圾、狗和人远离植物。人们提升了自然式设计的接受度，产生了将人工种植群落作为景观解决方式的兴趣。

保持结构层的易辨识性

结构性植物通过自身高度创建了可视的图案、框架视角，并定义空间。也许更为重要的是比其他任何层次的植物都精准的地点、位置和数量。在所有层次中，结构层变化最少，所以在实践管理中，应该把重点放在保持植物的原有状态上。很少有自发物种恰好出现在结构层中合适的位置。更多的时候，植物死亡的原因是病虫害和生命的自然终结，或者受到步行交通、建筑工程的因素干扰。如果不用原来的植物，可以用有相同作用的其他结构性植物替换消失的物种。替换植物通常是容器苗，能在现场精准放置。它们的数量和位置会受到初始的种植计划和设计理念的指导。

保持强烈的季相主题

季相主题种植是一个整体，单个植株的放置并不那么关键。植物的个体数量必须足够充分，它们的颜色和质感主题才能继续产生影响。自然生

在中生草甸中种植三年后，贯叶泽兰形成了强烈的季节性主题。

长的主题植物融入植物群落相对容易。事实上，这类植物往往生机勃勃。

有时它们从种子中生长出来过于密集，必须减少数量防止它们与地被植物竞争。这种植物要素管理包括选择性地去除或减弱植物的自发生长，切除种子或植物修剪可以在植物最脆弱的时候进行。这种做法保持了人工植物群落物种之间的良好平衡。

保持土壤密植植物

在地被层，植物往往高度活跃并富有竞争力，覆盖土壤并阻止不受欢迎的物种在此扎根。尽管如此，仍可能有各种原因导致地被层出现空隙。管理必须把重点放在保持土壤被所需要的植物覆盖，需要植被进行覆盖的空间必须被识别出来，并迅速填充。

如果这一层的物种组成不平衡，一些物种就会压迫其他种群，随着时间推移造成物种单一化。如果只有少数植物开始主宰这一层次，物种多样性和生态价值就会直线下降。不同于结构层和季相主题植物层，地被层可以有更高的物种多样性，又不会使种植起来更复杂或难以辨别。例如，各种形态相似的莎草类和蕨类植物都可以在地被层中混合而不会引发关注。它们可能看起来像单一物种的有序组团，但是提供了生物多样性的全部效益。

不要清理落叶等杂物，除非它们堆积得太厚，引发了功能性的问题。健康的土壤通过回收落叶维持自身丰富的微生物。在茂密的植被中，因为

围绕这种自然主义设计的有序框架保持着良好的形态。

在发现植物缺失后，必须立即种植置换植物，保持土壤覆盖，以防止外界侵蚀和杂草爆发，恢复种植的功能。

在这种情况下，恢复植物层的同时也恢复了雨水花园的雨水处理功能。

227　落叶等碎屑可以自行分解，很少出现营养缺乏的迹象。如果由于凋落的叶片影响了人们喜爱的景色，可以考虑收集落叶，然后用割草机将其切碎。切碎的叶子可以作为种植中的轻质覆盖层重新利用。

评估填充植物的需求

　　随着种植的增加，植株间距变得很小，填充植物往往会从种植中消失。填充植物的存在很短暂，随着种植的成熟，允许它们的功效逐渐减弱。在群落建成所需的几年时间里，这些物种有足够的时间在土壤中建立一个丰富的种子库，如果环境发生干扰，这个种子库就会被激活。然后填充植物

229　会重新生长，直到萌发变慢、被更具竞争力的物种超越。因此，随着时间的推移填充物种的消失，通常是群落健康的标志，这表明地被覆盖良好，裸露土壤很少。

对页　地被莎草、泽兰属和弗吉尼亚滨紫草的组合是具有韧性的并非常稳定，几乎不需要来自宾夕法尼亚州匹兹堡儿童博物馆管理团队的干预。

如果由于某种原因，干扰后的填充植物没有自发地出现，可以将其播种或种植到开阔的空隙中。维护受欢迎的填充植物种子库是很重要的，它有助于群落在受到干扰后进行自我疗愈。在此过程中必须非常小心，不要打扰群落内的其他植物。

监测指南

对于设计师来说，与管理人员和业主沟通最简单有效的工具之一是监测指南。理想情况下，应将这本指南以及种植计划提交给所有参与的管理人员。设计师应该在种植完成之后与管理人员对接，解释设计意图并交代他们应该监测的内容。

指南应该定义长期的管理目标，如利用所需的植物保持土壤覆盖度。指南必须为施工现场使用，并为管理人员编写。正确地运用术语和语言很重要。指南不仅要帮助人们发现问题，还要解释如何处理潜在的问题。给管理人员提供"工具箱"鼓励他们立刻采取措施。在一个措施完成之后，更多的监控内容将显示所应用的工具是否真正地解决了问题，或者是否需要其他措施。

工具箱：人工植物群落的管理实践

我们的管理工具箱将传统的园艺养护元素（如除草、浇水和锄地）与生态景观管理工具（如燃烧、定时修剪和增强播种）相结合。

所有管理应尽量可持续，并且避免不必要的现场干扰。例如在割草时，选择性切割等软管理技术比选择高耗能的拔草或除草剂喷洒效果要好。从一开始就用种植填充开阔的缝隙防止杂草生长是最好的解决办法，从长远

235

抽样监测指南

监测内容	检查问题	是/否	潜在（可能）的原因	解决方法
整体美学品质、设计层图案的易辨识性和有序框架的完整性	是否存在杂草或入侵物种？	是	种植时间短，地被植物尚未填充	清除杂草。通过浇水强化所需物种，必要时添加更多的地被植物
			附近的种子来源	移除种子来源
				清除杂草，并用所需物种代替
			季节性的种植间歇	联系设计师或当地植物专家用合适的物种填补空白。尽快补植
		否		下次再监测
	种植是否易辨别且美观？	是		下次再监测
		否	种植与设计初衷存在差距	联系种植设计或当地植物专家。开发强化种植或处置对策、应用对策、并再次监测
	落叶碎屑是否影响整体外观？	是		检查它存在的原因，去除落叶碎片，下次再监测
		否		下次再监测

续表

监测内容	检查问题	是/否	潜在（可能）的原因	解决方法
生物多样性水平	种植后物种消失了吗？	是	侵略性较强的植物淘汰侵略性较弱的植物	评估植物组合，创造空间和资源协助侵略性较弱的物种建立群落
		否		下次再监测
功能	种植时渗水吗？	是		下次再监测
		否	排水管堵塞	清理排水管
			碎片堆积	清除碎片
			土壤不会渗出	联系植物设计师或工程师，重新评测土壤渗透能力并制定提高渗透率的策略
	植株是否能够吸引传粉者和鸟类？	是		下次再监测
		否	没有足够的或适宜的物种来吸引昆虫	联系植物设计师，在合适的层次中补充更多的所需物种
			花朵没有在适宜的时间开放以吸引所需的物种	添加更多的适合物种
	种植是否能够控制侵蚀？	是		下次再监测
		否	幼根没有时间稳固土壤	重新种植受干扰的植物，用土壤和土工布加固侵蚀区域
			植物根系的深度不够	添加或替换合适的植物
地被植物的密度	裸露的土壤是否可见？	是	植物因干旱而死亡	替换合适的物种
			植物因虫害而死亡	识别害虫，尽量去除害虫，将植物替换为抗性品种
			植物因病害而死亡	诊断疾病和传播的原因，将植物替换为抗性品种
			种植受到干扰	识别干扰以及阻止干扰的必要条件，尽快重新种植
			没有明显的原因	联系种植设计师或当地专业人员安排实地考察，发现问题并采取行动
		否		下次再监测

管理工具箱

管理工具	优点	挑战
火烧（选择性或大面积处理）	控制冷季草（如葱芥、芸苔属和紫花野芝麻）；去除密集的植被和杂草；加强适应火灾的物种（如草原鼠尾粟和北美小须芒草）	附近基础设施的挑战；依赖天气；需要专业的指导
修剪和割草	使禾本科植物和草本花卉恢复活力；移除茂密的植被和杂草；整理木本类杂草；控制已种植物种和杂草的自播；物种竞争的柔性管理；保持种植群落的边缘整齐	成本效益；容易，不需要昂贵的设备；没有对土壤的干扰
选择性的幼苗移除	保持设计的易辨别性	受扰的土壤导致杂草生长，因此，必须立即用所需植物或种子填补空白
除草	管理自发生长的植被；保持设计的易辨识性	受扰的土壤导致杂草出现；必须立即用所需植物或种子填补空白；在除草过程中保护所需的植物

续表

管理工具	优点	挑战
喷杀（点喷或大面积处理）	管理不需要的植被； 管理入侵植被； 保持设计易辨别性	如果与目标物种混合，很难保持所需物种的存活； 需要专业的照管和设备
定向修剪	营造具有韧性的乔木和灌木群	需要专业的照管和设备
浇灌	对更喜湿的物种有益； 可以按照审美期望转变物种组成	不可持续； 在某些地区价格昂贵
施肥和改良	对喜肥物种有益； 可以按照审美期望转变物种组成	不可持续且价格昂贵； 会助长杂草； 以牺牲根的发育和寿命为代价，引发植被的旺盛生长
强化种植	填补空隙，以防止杂草爆发； 恢复设计的易辨识性	土壤干扰； 在种植过程中保护建成的植物
地面覆盖	保护土壤； 抑制不需要的植被生长	价格昂贵； 会引入新的杂草种子； 也会抑制所需物种的幼苗生长
去营养化	可以将富营养水平调整到健康水平； 加强植物健康程度并延长寿命； 植物活力越低，美观效果越好	清除植物垃圾需要大量的劳动力； 并非所有的植物垃圾都可以安全地堆肥； 检查污染物（例如，城市雨水花园中的重金属）； 过程缓慢，结果往往数十年都看不出来

来看所需的资源最少。如果必须除草，受到干扰的土壤必须立即用其他植物覆盖或用临时覆盖物保护起来，以减少裸土的数量。如果需要使用设备，请使用小型机器。例如，在冬末修剪植物时，为防止土壤被压实和干扰，应使用小型移动器或无绳草坪修剪器。大型拖拉机操作的割草机会将车辙印留在土壤中或刮擦植被。请记住，技术本身并无好坏，重要的是使用它们的环境。

在植物生命周期内改变管理目标

　　植物发育有三个阶段，每个阶段都有自己的生长目标和监测标准。首先是植物建成阶段，该阶段始于播种之后，根据种类、地点和时间，可能会持续几周或几个月。一旦所有的植物都能自给自足，栽植重点将从单个植株转向整个种群。这是景观建成阶段，该阶段包括完成人工种植和发展为成熟的外观形态所需的所有时间。这个阶段结束时，地被植物密集地覆盖了土壤，结构性植物提供了框架和秩序，季节性主题植物在一年的不同时间内创造出壮丽的色彩和质感。但发展不会停止，最后一个阶段是建成后阶段，它将贯穿植株的整个生命历程。

　　在种植过程中，各阶段之间的顺次变化很少能平稳进行。某些植物或场地某个部分的植物可能比其他植物生长得更快。例如树木倒下，或鹿吃

冷季草通过深冬焚烧可以
清除，储存在大苞野芝麻、
葱芥和鸦葱中的营养物质
重返土壤。

喷漆和／或彩色丝带可以
训练相关人员识别问题
物种。

清除不受欢迎的物种是必
要的，但建议立即播种或
补种，填补留下的空白。

管理技巧

在植株形成足够大的地下储藏器官来抵抗生物量损失之前，注意不要将其修剪得太低矮，伤害植物的冠部或去除太多的叶子。有些物种在一年中的某些时候进行修剪之后的表现并不是很好。例如，某些品种的薹草等常绿草本在早春开花后被修剪得太多，它们在晚霜中经常会遭受严重伤害，因为它们没有足够的生物量来保护敏感的冠部并从修剪中恢复过来。如有疑问，请联系园艺专家进行指导。

掉一小块地被等这些干扰，可能都会使生长发育过程重新开始。因此在许多方面，景观的形成更像是在生长与成熟之间的梯度转变，而植株的各个阶段则会在这个转变过程内不断地来回反复。要始终了解种植过程中所处的每个阶段，树立正确的目标并采用管理工具。

植物生长阶段

初期的重点是帮助每个植株存活并生长。这一阶段从播种开始，直到所有植物扎根于周围土壤并能够自给自足时结束。这个阶段的目标是发展根和地下储藏器官。侵蚀、植物损伤和杂草入侵是管理工作必须应对的主要威胁。唯一解决所有这些威胁的方案是用生长速度比杂草更快的所需物种将地面完全覆盖。换句话说，你需要每一次植株移植都能存活并快速成长。良好的场地准备和种植现已付诸实践。除此之外，你可以帮助植物获得生长的环境，但它们必须靠自己不断生长。人工引发的枝繁叶茂和鲜花盛开，不能粉饰植物生长是否健康和茁壮。

帮助植物生根并与周围土壤相连。植物首先把重点放在建立地下基础上，在其形成之前，如柳叶马利筋和澳大利亚赝靛等根茎类物种不会长出新叶。它们看起来静止不动，实际上根系在地下疯狂生长。有些客户误解植物缺乏活力，需要施肥甚至替换植株。因此，卖家向顾客讲授植物的生长过程，不但可以避免此阶段经常出现的常见错误做法，还能为植物长成提供所需的时间。

冬季来临时，新栽植的植物必须在新土壤中扎根，否则可能会发生霜冻。反复的冻融循环会使土壤中的水膨胀和收缩，推高植株及其根部，暴露根冠，导致敏感的根部在低温和干燥的风中损伤。许多植物可能会因此严重受损或死亡，需要春季重新种植。

植物修剪通常是阻止花和种子形成的有效方法。这可能会影响早期种植的艳丽效果，然而更多的植物能量聚集会促进根冠和根系的强壮生长。

在植物建成阶段结束时，所有的移栽植物都完全扎根，可以为自身提供水和营养物质。

　　植物修剪会刺激多年生植物从基部开始萌发新叶，使植物更加浓密和强壮。如果花期和种子出现时间较晚，可以用一二年生植物做临时填充，通过花卉形式和质感引发兴趣，弥补空缺的视觉效果。这种效果可以通过交播技术完成。

　　因为植物幼苗特别脆弱，必须在这个阶段远离鹿、兔子和其他食草动物。同时，植物仍然在适应紫外线，它们的叶子还不够强健，而嫩叶正是食草动物和昆虫的美味。临时的驱虫剂会发挥作用，直到植物变得强健，不再适合野生动物食用。如果虫害压力很大并威胁到了整个群落，设计师应该咨询专家并采取适当的措施。

　　如果植物在生长阶段死亡，要仔细寻找它们死亡的原因。有些植物会因为不适合场地条件而死亡，即使是最全面的现场分析和植物清单研究也无法预测植物实际的场地情况。要注意哪些植物苗壮成长，哪些植物凋谢萎靡，这反映了场地适合生长什么植物。如果植物生长情况变差，不要总是认为起因是植物选择不良。不同的植物在不同的条件下生长，因此前几周的时间或天气可能有利于某些物种，而不利于其他物种。凉爽湿润的春季，237可能会适合如美国薄荷属这样侵略性的、无性繁殖的、蔓延的属或羊茅属这样种植在凉爽季节的植物生长，但会阻碍如鼠尾粟属或画眉草属等暖季草的生长。后者对于场地来说仍然是较好的选择，但会受到天气的影响。尝试了解植物为什么表现不同，这些信息将提供有价值的场地线索，在需要时有助于直接进行强化种植。

景观建成阶段

一旦所有植物都扎了根，植物种植就进入下一阶段：生长和发育。随着每一寸植物的生长，群落的层次和设计都会展现出来。结构性物种变得更高，地被植物也火速覆盖任何裸露的土壤。季节性的色彩和质感主题变得初具成效，起初稍有模糊但越来越清晰可见。并非所有物种发育均衡，有的可能比其他植株的成熟期更长，设计便这样慢慢地、错落地呈现了。

但是随着设计的形成，一些错误也很快暴露。此时便是处置良机。有的问题是不适合场地的结构框架性物种。例如，一株结构性植物经常在雨后啪嗒啪嗒发出声响，就应该被替换掉。如果地面植物出现了斑秃现象，可能需要混合添加更有竞争性的品种。在这个阶段，植物将开始占领其他植物的领地。植物活跃性提高，竞争也开始了。有些物种可能会被淘汰；其他物种可能会强势地扩充种群数量。在这个阶段，随着更多的侵略性物种占据主导地位，临时覆盖作物和短生填充物种的数量通常会减少。如果已经正确栽植后物种仍未存活，那么它们很可能不适应场地。

第一个全年生长季的结束时间是重新评估场地并着手调整的好时机，尤其对于设计层的植物来说。此时，植物已经生长发育成熟，可以评估设计的优势和劣势，但由于已经建成定型，移植植物并不容易。例如，如果结构层不够强壮，则可能需要添加新的植物或移栽现有的植物。如果主题层不够醒目，需要考虑添加更多的植物。如果层次过于稀疏，考虑移栽一些植物加强效果。只要记住，任何移栽和补种都开始于种植阶段结束时，因此要精心调整它的管理方案。

在这个阶段结束时，种植处于稳定和平衡状态。所有部分都已经长成并且互相作用。土壤被多层次的植物和生动的图案所覆盖，季节性主题植物吸引着我们的注意力。

管理技巧

预留出一定的资源应对必要的强化种植。初次种植几乎不会有很高的成功率。一旦植物建成就会有死亡的植物，留下需要填补的空隙。顾客需要提前知道有初期种植和增强种植两个阶段。对这些阶段进行规划并纳入预算，增强种植不是"额外的"，它仅是种植的一部分。

建成之后：长期的创造性管理

　　植物群落一直在不断变化，有些变化缓慢而微妙，例如沿着小微湿地的浅滩处莎草逐渐成为优势物种，或者树冠逐渐浓郁，阴影导致草丛生长稀薄。其他的变化发生得更快，例如一场大风暴吹倒了作为种植背景的白松，或芦苇的入侵。变化是不可避免的事情。

　　如果没有持续的管理，人工种植群落也不可持续。世界各地的设计师通过数十年的经验得出了相同的结论：没有天然不变的植物列表，没有管理就不可能稳定。事实上，如果放任不管，即使拥有最完备最周全的计划，现实也会和预期的发展完全不同。所以留给设计师或土地管理者的问题是，我们允许改变多少？

冬天过后，对草本植物进行修剪，促进它们恢复活力，并阻止木本幼苗生长。不要过度修剪植物和暴露土壤，这会给杂草提供生长的机会。植物被重度修剪之后，残枝败叶也被清除了。

左　选择性地减少种植一年生植物，防止土壤干扰和补植。
右　对于植株较大且不受欢迎的植物，应该从基部剪断，而不是直接拔除，那样做会损害周围植物的根系并干扰土壤。

239 对于大多数植物来说，目标不是避免变化，而是通过管理实现一定程度的稳定。为此，管理者通常把重点放到对整个群落进行有计划的行动。对于草原或某些林地群落而言，这意味着每年要进行割草、焚烧以防止木本物种占主导地位，或鼓励依赖焚烧繁殖的植物。对于包括森林边缘在内的灌木丛和林地群落，各种方式的间伐可以保护乔木和灌木组合的多样性。间伐非常重要，它帮助橡树等生长缓慢的树木与盐肤木属和桤木属等快速生长的灌木进行竞争。

240 随着时间的推移，在视觉感知上植物群落可以变得更封闭或更开敞。开敞程度或封闭程度是关键的设计决策，只能通过管理来解决。大型场地由空地、草地、灌木和乔木组成，需要通过管理来保持不同的开敞程度。

  矮林作业是对乔木和灌木进行砍伐的一项技术。它有助于增加灌木密度，使混合群落焕发活力，使它们的设计特征更加清晰。然而在城市中，矮林作业可有助于降低天然矮树篱的高度和密度。英国研究员和植物专家奈杰尔·邓尼特长期以来一直倡导将其作为创造性工具，管理公共土地上的混合木本植被。邓尼特指出矮林作业可以减少阴影，创造更丰富的木质和草本植被的拼接融合。通常矮林作业针对灌木修复，以 5~10 年作为一个循环，在修剪的间歇乔木和灌木可以进行复原。

  其他情况下，设计师不会修剪由多茎树和高灌木混合的群落。矮林作业会让植物变得密集，视线无法穿越，但是随着时间的推移，它们生长到低矮的林地中，创造出人们可以进入和栖息的空间。这些林地空间非常舒适宜人，如果半岛式林地与开阔的草原型植被相邻，被遮蔽的视线可以伸向开阔的空间，这种感觉就更加强烈。

管理技巧

需要在长期的管理标准中写入可替代的植物，而不是覆盖物。这有助于管理人员将植物建后必要的种植纳入预算，以填补空隙或保持设计完整。

  将种植分成不同的区域是确定优势种和充分利用预算管理的方法。分区可按照梯度进行布置，更接近行人路径和建筑物的种植需要更大的投入，而偏远的种植投入较少。阿姆斯特丹附近的丘日公园使用这种方法产生了明显的效果。这些公园包括一系列 20 世纪中叶设计的公共植被，它们在场地中酸性潮湿的土壤中茁壮成长。通过管理创新的实践，这里的种植继续蓬勃发展。野花草地和路边的林缘植物并未进行集约化管理。在可视度较高的地区，保持了风格集中的种植。大块耐阴的地被植物中间点缀着蕨类植物和多年生植物；在阳光充足的地区，五颜六色的多年生草本植物沿着小径绽放。

其他长期管理需要考虑的因素包括定期监测入侵物种。杂草和入侵物种可以快速建立种群，必须立即清除。使用长刀片或其他除草工具彻底将这些植物的所有部分清除，包括地下储藏器官。在该区域重新种植受欢迎的物种并定期监测。

长期管理可能允许种植过渡到不同的植物群落。例如，开阔的草地可能演变成开阔的灌木丛，或者开阔的灌木丛演变为开阔的森林。监测和管理行动必须遵循这一长期目标，指导植物群落建成之后的发展。

为创造性对话的管理

在管理的各个方面设计至关重要。事实上，智能化是一个创造性的过程，需要广阔的视野以及对细节的关注。很少有设计师在栽植后依然几年如一日地坚持关注项目，但与客户和土地管理者积极接触，不仅能使种植受益，而且如果谈判顺利，也能给设计师带来经济利益。管理目标可以并应该在项目中进行转换，因此与土地所有者和管理人员保持对话将使一切变得与众不同。设计师、土地所有者和管理者应在植物栽植后尽早联系并讨论植被的需求和一些优先事项。

设计师应该在编制管理进度表和指南方面发挥主导作用，并与种植计划一起提交。进度表和指南不应使用典型的施工规范的官僚语言书写，而应使用提炼后的、以行动导向的图表或清单书写。定期的现场会议非常重要，它需要解释规定的动作如何转化为现实，以及基于现实的指南和进度表如何进行微调。

与进度表和指南同样重要的是充足的管理资金。成功的管理取决于定期的、有计划的行动，没有预算就不可能实现。将种植的规模和范围限定在可以管理和预算的范围之内，失败的项目对设计师和客户双方都有害处。

最后，管理是一种多元的关系。它是思想和场地之间的心理关系，是管理者和土地之间的物理关系，甚至是我们对自然美的渴望和我们与植物相遇之间的情感关系。但是，所有良好的关系都需要风度、承诺和开放共享的思想。顶级的种植项目可以做到这一点。它们让设计师、所有者和管理者在彼此和场地之间处于动态的、有益的关系之中。

241

第六章

结论

未来的景观设计将包含很多内容，包括更多以植物为主导的栽植，与 场地的契合，以及植物内在联系，但它在风格上绝不会与过去一致。我们也许很容易想象到不同品种的植物交织掩映时，呈现出的一番天然景象。在许多情况下的确如此，但任何类型的小花园都得益于自然生长的法则。无论种植形式是规则式的还是自然式的，是古典的还是现代的，高度风格化还是趋于自然化的，这些都不重要。最重要的是，植物之间应该存在内在的互动，以及和外在场地间的联动。这便是韧性种植的本质所在。

为了说明植物的不同展现形式，我们将园艺设计分为三类人工植物群 落来展开详述，一类规则严整，一类充满情感，一类趣味盎然。

对于三个花园的沉思

海纳·鲁兹的规则式住宅花园

一位建筑师客户在德国慕尼黑买下一所历史悠久的住宅，他联系了海纳·鲁兹，希望可以对住宅中的花园进行改造。客户提出了一些明确的要求。首先，花园的景观必须与建筑形式保持一致。一部分花园受历史条例保护的限制，需要被保护和修复，但客户又希望可以在花园中植入多年生植物。于是鲁兹想出了一个绝妙的解决方式，运用黄杨木和多年生植物，构造出一个层次丰富的花圃，黄杨木的轮廓构成了小花园的主要结构，且与历史环境融合。高高低低的栾树坐落在花池中央，与层次分明的植物交相掩映，四季迭换而生机不断。

季节性主题种植由多年生植物与球根类植物构成。为保持品貌雅致美观，植物的色彩范围限制在黄色与白色。尽管只运用了区区几种颜色，但整体氛围是欢欣洋溢的。季节性主题由一年当中占据主要地位的白色调转变为黄色调。二月，冬菟葵和雪滴花一同开启它们的花期。旋即而来的是四月开花的黄色"戴胜"水仙。从五月到九月间缤纷而至的"金娃娃"萱草呈现点点金黄。在一些地方，"金娃娃"萱草与茉莉芹、白木紫菀和单穗升麻一同种植，地面上覆盖着羽衣草和"五月微风"蓝色福禄考。

　　这座花园将规则的形式与勃勃生机结合在一起，明智的做法使人感到欢欣。这证明了一座层次分明的、具有生物多样性的花园并不需要看起来像蔓生的草地。虽然这座花园的颜色包罗万象，但是用乡土植物也可以设计出同样的效果。它实证了群落种植也适于体现风格和艺术。

海纳·鲁兹设计的公园坐落在德国慕尼黑的历史区域，整齐规则的树篱环绕着中央的植物群落（左上图），这个设计说明了如何将人工设计的植物群落融入严格受限的背景空间（左下图）。

詹姆斯·戈尔登的费德勒尔·特威斯特花园（Federal Twist）

詹姆斯·戈尔登的费德勒尔·特威斯特花园坐落在新泽西州斯托克顿市附近，由其边界公路的名字命名。起初一项不可能的实验企图在这片极度荒凉的场地上创造出人工湿地。戈尔登和她的丈夫菲利普买下了4英亩林地中的一座中世纪房子，以便从位于布鲁克林的家来此地度周末。房子坐落在山丘之顶，在这里可以从各个角度环视四周500英亩受保护林地的

盛夏时节，野生植物散发出的巨大欢欣感与活力感从花园中漫涌开来。

夏季，随着结构性多年生植物与地被物的相伴生长，花园茂盛馥郁、郁郁葱葱。

全景。开阔的视野激发了他们创作花园的灵感，尝试把这里变成一片草原。

这片场地顺其自然地演化成了森林，然而戈尔登意识到了开敞性问题。他砍伐掉 79 棵香柏来给花园创造更多的空间，利用木屑铺设一连串的蜿蜒小路来构架花园的主体。除了以上的清理措施外，公园的其他改造措施实则是对既定情况的全盘接受。这些情况远不如理想那般美好：积水散落在公园各处、严冬推迟了春季的生长期。若换作其他的园艺师，面对这些情况中的任何一条都会采取极端的应对措施。然而戈尔登并没平整场地、喷洒除草剂清理野草，或者使用覆盖物进行处理。事实上，戈尔登直接在现存的野草中播撒种子，利用遍布的绿植塑造高大的结构性植物。通过这样的方式，戈尔登发现了多种的所需植物，包括薹草属、藨草属、灯心草属、庭菖蒲属和飞蓬属等许多有用的品种，如果当时为清理杂草使用了除草剂，这些植物可能都会消失。

地被层随花园一同发展演化。面对遍布的杂草和柔枝莠竹等入侵植物，戈尔登的策略与众不同。针对入侵物种，他没有采取常规方法，而是用游击的方式，在其脆弱的时刻进行处理，同时植入一批占领性强但对花园有

涂红的树桩错落有致，形成花园中宁静的角落。

益的植物。他创造性地运用时机安排、维护管理和原始技术（如播种、割草、烧荒），将花园的天平逐渐倾向于他的设想。渐渐地，起初花园中遍布丛生的杂草让步于更稳定的、生长周期更长的竞争物种。戈尔登在深冬将花园中的植被烧掉，他将这一过程称为"火的洗礼和摧毁"，只留下深褐色的土壤。但在暮春降临前，大地又会重新披上一席充满质感对比的华丽绿衣。木贼属、球子蕨、变色鸢尾、金千里光、蜂斗菜属等植物编汇交织，如同密实的织锦。在夏季高温来临与花园重归宁静之前，花园在郁郁葱葱的绿色海洋中蓄势待发，呈现出一个相对朴素的时刻。

当高温来袭时，花园里的花开始盛开。费德勒尔·特威斯特花园中的点睛之笔，是花园中聚集的高大植物，还有湿地草原中的骨干分子（如联毛紫菀属、蚊子草属、大金光菊、铁鸠菊属和松香草属植物）同外来物种（如芒草、地榆和旋覆花属植物）的混合搭配。

春季，穿透花园纵深的、开阔的视野给游客一种广阔感；夏末时，游人能在高耸矗立着的植物下蜷缩休憩，全神贯注地观赏着那些迷人的树叶。又或许这公园最美好的时刻是在秋季和初冬，随着天寒霜降，大量的结构 248

性多年生植物只剩下精干的骨骼。倾斜的阳光以极强的力度透过树林直击地面，草地倏忽间跃动着微光，化作了燃烬。

249　　戈尔登的花园是一场与自然大胆的共舞。这座花园充满着对比：它持续地在控制与杂乱、人工与天然、黑暗与光明之间中划清界限。它具有经久不衰的吸引力，一部分原因是它挑战了人们对于"花园"的认知。因为种植是完成一个如此综合的群落，全部要素都要与场地特定相合，费德勒尔·特威斯特花园巧妙地模糊了本地物种与外来物种的区别，用喜马拉雅雏菊和新英格兰翠菊创造了和谐交融的景象。整座花园展现出深刻的包容性，即把已存在的事物视为全新的、富于表现力的创作途径。通过这个途径，戈尔登以花园及其内在不断变化的事物作为衬托，探索内心宁静而激动的情感暗流，那是激发他进行创作的源头。

250　### 德里克·贾曼在邓杰内斯镇的展望小屋

　　德里克·贾曼是一名极具影响力的英国电影制作人和作家。在他生命的最后时期，他创造了展望小屋，那是一座质朴的木屋，位于英国西南部的卵石海岸上。小屋坐落在英吉利海峡和邓杰内斯镇核电站之间，现在是渔人的棚屋。那是一片荒野的风景，阳光、海风、不断冲蚀海滩的海盐，大自然将这片土地席卷淹没。地平线恣意地向各个方向延展，偶尔出现的几根电线杆、发电厂闪烁的灯光，打断这份纵深延长的广阔无垠。然而在这片太阳灼烤的卵石海岸上，长出了一座花园。海滨两节荠和罂粟花在各种物品中盛放，德里克把它们布满整个花园。

　　场地充满着后世界末日的感觉。布满卵石的荒原、海边的工业残遗、核电厂的恐怖氛围，所有元素都暗指反乌托邦的、《疯狂的麦克斯》中的风景。贾曼的布置提升了这种效果，几块黑燧石如同小型墓碑般的零落矗立在花园周边。然而在这片荒芜间，一片人工植物群落繁荣盛开。贾曼建造这座花园的过程是循序渐进的。起初他认为植物根本不可能在这里生存，但一支犬蔷薇的成功存活鼓励他进行更多试验。随后这片碎石地中出现了

即使处在最严酷的环境中，这座花园仍是对植物韧性精神的颂贺。

更多品种，银香菊属、海滨两节荠和缬草。一些植物种植在围起来的花池中，而一些植物如同鹅卵石滩中漂浮的孤岛般散落地生长。贾曼发现实际上在没有土壤的海滩上，也可以生长很多植物。沙砾上方受光照加热，底部保持阴凉和湿气，是种子发芽的理想介质。如蓝蓟、毛地黄和剪秋罗属，所有的自播植物都在花园中找到了各自的生长地。一年生植物在花园中扮演着重要的角色。随意播撒的罂粟花、金盏菊和蜡菊类植物在夏季营造出浓郁的盛放主题，呈现出与海岸线上暗淡颜色不同的绚丽烂漫。

诸如银香菊属和花菱草等色彩缤纷的小花，在石砾中生长迸发，与作为背景的深色村舍形成强烈的对比。对于植物群落来说，似乎没有任何一个地方严酷到无法茁壮生长。

　　展望小屋悲凉的风格如此鲜明，源于贾曼在创作时正徘徊在艾滋病的死亡边缘。正在迫近的死亡并没有阻止他进行创作，相反，死亡带给他新的活力。在强风扫过的沙砾上，植物奋力生长，如同贾曼的生命抗争。最终，花园经受考验持续至今，生动证明了在大自然的残酷和冷漠中，爱是无法抑制的。

　　现如今，这座花园已经成为园艺师、艺术家和植物爱好者趋之若鹜的精神圣地。它经久不衰的吸引力在于植物和场地如此自然地无缝衔接。这里是一座没有边界的花园。花园"内部"的定义是，相比周围环绕的野生植物群落，它显得更鲜明、更风格化。贾曼对现存景色的热爱激发他去寻找可以放大场所荒凉美的植物。他说："在沙滩上种植水仙花显得愚笨，然而它与其他众多植物一起强化了海岸的景观。"

252

这座花园最令人着迷的地方或许在于它的趣味性，特别是在这样恶劣的生长背景下。种植发挥着诸多作用，如装饰、提供蜜蜂需要的花粉以及为恶劣场地作出生态调节。然而，对于花园来说，绝对没有什么是严肃的，贾曼在鹅卵石中玩耍，将发现的宝藏聚集成小小的立体模型。甚至他在植物选择上也偏爱令人愉悦的金盏花和罂粟花，而不是更无趣的乡土多年生植物。也许这就是花园的优势所在。一方面，它屈服于场地不可避免的残酷环境，然而它通过绽放和蓬勃生长来对抗地回应。如今人们依然赞美它，这是对花园永恒的致敬。

253

······

这三个花园，展示了群落种植可以拥有的广泛的现代表现形式。每个花园都顺应了场地的现有环境，但超越了它的局限性，从而形成了一个纯净的、情感上可以亲近的地方。它们涵盖的过渡形式包括规则式和自然式、艺术的和生态的，以及严肃的和活泼的，并表明这种方法确实可以应用于几乎所有类型的种植中。

为什么需要人工植物群落？为什么是现在？

随着人口的增加和资源越来越有限，植物不再仅仅是建筑的装饰背景。它们必须履行双重职责：净化雨水以及为授粉者提供食物来源，同时也为生物多样性扮演遗传库的角色。实现这一目标需要了解植物如何搭配在一起，它们如何随时间变化，以及如何形成稳定的组合。

群落种植提供了具有更多功能属性的方法。它解决了景观不稳定的最大因素：土地贫瘠。它着重于在较低层的种植中实现丰富的物种密度，从而使上层的种植具有灵活性。值得注意的是，人工植物群落具有自我修正和恢复的机制，这使其比传统的花园风格更具韧性。设计师不再需要预测每种情况。他们可以依靠群落来适应不断变化的环境。

人工植物群落强调功能；虽然事实如此，但我们最终需要的是与人类相关的种植。对我们来说，它们在美学和情感上的品质，甚至可能超过实用性，使它们具有相关性和实效性。人工植物群落有可能超越与生态种植相关的许多不良的刻板印象。乡土和生态种植挥之不去的混乱印象，在一定程度上解释了为什么世界上这么多国家——特别是美国，依靠草坪和传统园艺作为默认的处理方式，尽管维护需要高昂的劳动力和成本。但这种混乱的污名不会长期存在。在许多方面，群落种植方法更多地依赖于设计师将自然模式转化为与人们有联系的有序语言。

这正是为什么专注于人工植物群落可以引发设计的复兴。对于植物生态习性的基本认知，可以提升设计师们的工作成果，创造出传统种植无法实现的效果。成功地将不同竞争类型的植物分层，为新组合、新风格和新表达打开了大门。想一想：20世纪种植设计的许多重大创新都受到设计师研究野生种植的影响。贝丝·查多在英国创建了自己广受欢迎的花园，选用了许多植物群落研究的种植风格和多种组合。同样，德国从业者在过去四十年中的工作，大量依赖植物群落作为模型，产生了欧洲一批最有影响力的种植。即使在今天，皮特·奥多、丹·皮尔森、詹姆斯·希契莫、奈杰尔·邓尼特、萨拉·普赖斯、卡西安·施密特、佩特拉·佩尔兹、罗伊·迪布力克和劳伦·斯普林格·奥格（仅举几例）等设计师的作品也被作为伟大灵感的来源。

现在正是园艺复兴的时期。人工植物群落需要设计师对植物生态学的理解，但更重要的是，设计师需要有组合的眼光、对色彩的激情以及对自然和谐的直觉；园丁需要能够找到种植的地点，甚至是摩天大楼和排屋；植物爱好者需要明白我们不需要到国家公园去体验大自然的精神世界；我们可以在后院、公园和屋顶上获得这样的体验。

如果人类文化的下一次复兴真的是城市和郊区的自然世界的重建，那么领导这场革命的将是设计师，而不是政治家。植物将是一切的核心。

254

混合着草本花卉的茂盛草地勾起了人们对广阔
草原的回忆。即使它是完全人工的景观，也能
让城市中生活的人们浸沉在自然的荒野之中。

致谢

257   从许多方面来说，这本书是集合了世界各地众多极富才华的设计师与植物爱好者们的智慧结晶。对于众多为我们提供灵感的同事与指导者，我们不胜感激。感谢指导我们关注这些关于乡土植物群落展现出来绝妙观点的达利尔·莫里森（Darrel Morrison）；感谢海纳·鲁兹（Heiner Luz）、萨拉·普赖斯（Sarah Price）、奈杰尔·邓尼特、詹姆斯·希契莫这三位设计师，他们的每一个作品都可以作为本书最佳的卖点；感谢诺埃尔·金斯伯里（Noel Kingsbury）、诺伯特·库恩（Norbert Kühn）、琼·艾弗森·纳索尔（Joan Iverson Nassauer）、卡西安·施密特（Cassian Schmidt）、埃德·斯诺德格拉斯（Ed Snodgrass）、劳伦·斯普林格·奥格登（Lauren Springer Ogden）和彼得·德尔·特雷迪奇，他们兼具思想深度和激情的灵魂是这本书的基底。感谢已故的沃尔夫冈·奥姆（Wolfgang Oehme），他是我们每一个人的导师和朋友，虽然他可能原本认为这本书的观点非常糟糕。

我们衷心感激那些为我们提供照片与设计素材的人们，感激詹姆斯·戈尔登（James Golden）、HMWhite 公司（HMWhite）、海纳·鲁兹、奥姆·范·斯维登联合有限公司（Oehme, van Sweden & Associates）、帕希克联合有限公司（Pashek Associates）、萨拉·普赖斯和亚当·伍德拉夫（Adam Woodruff）这一众设计师们，他们与我们分享了许多极具创新的项目。我们感激马克·鲍尔温（Mark Baldwin）、艾伦·克瑞斯勒（Alan Cressler）、汉克·戴维斯（Hank Davis）、乌利·洛里默（Uli Lorimer）、约翰·罗杰·帕尔默（John Roger Palmour）、汤姆·波特迪耶德（Tom Potterdield）、乔纳斯·赖夫（Jonas Reif）、埃利奥特·罗得赛德（Elliot Rhodeside）、比尔·斯温达曼（Bill Swindaman）、伊沃·韦尔默朗（Ivo Vermeulen）以及北溪苗圃（North Creek Nurseries）的工作团队等这些天才的摄影师，他们拍摄出的惊艳照片能够表达出无法用语言阐述的世界。

此外，我们尤其想要感谢 Timber 出版社极具天赋的编辑们。朱瑞·桑德科（Juree Sondker）和朱莉·塔尔博特（Julie Talbot）在本书的制作过程中温

一个英国乡村的回忆，由
莎拉·普赖斯设计。

和并幽默地引导我们，并在我们趋于失败的途中提供重要的指导。安德鲁·贝克曼（Andrew Beckman）帮助我们不断打磨语句以使得语言表述更加的通俗。对于其他编辑和设计师，我们也表达由衷的感谢。

　　最后，我们想感谢我们的家人，感谢盖尔（Gail）和李·沃纳（Lee Warner），在这段时间里，他们为我们亲手制作食物，附加照顾我们的孩子。感谢山姆（Sam）和琳达·雷纳（Linda Rainer），他们将自己知道的关于写作的一切都悉数教给了托马斯（Thomas）。感谢裘德·雷纳（Jude Rainer），他用崭新的视角观察着自然世界。感谢亨德里克（Hendrik）和马里恩·法菲儿（Marion Pfeifer），即使身在远方也为我们提供了至关重要的支持。感谢我们的伴侣，梅丽莎·雷纳（Melissa Rainer）和吉姆·韦斯特（Jim West）。书写这本书的时间来自于陪伴他们的每个夜晚和周末，他们不仅忍耐着这个漫长过程并给予安慰与支持，还一直陪伴着两个执着于植物的怪人。

参考文献

258   Beck, Travis. 2013. Principles of *Ecological Landscape Design*. Washington, Covelo, London: Island Press.

Del Tredeci, Peter. Spring/ Summer 2004. Neocreationism and the illusion of ecological restoration. *Harvard Design Magazine* 20.

Eissenstat, D.M. and R.D. Yanai. 1997. The ecology of root lifespan. *Advances in Ecological Research* 27: 2–59.

Grime, J. Philip and Simon Pierce. 2012. *The Evolutionary Strategies that Shape Ecosystems*. Chichester, UK: Wiley–Blackwell.

Hansen, Richard and Friedrich Stahl. 1993. Perennials and Their Garden Habitats. 4th ed. Portland, Oregon: Timber Press.

Jaffe, Eric. 2010. This side of paradise: why the human mind needs nature. *Observer* 23, no. 5.

Kingsbury, Noel. Clump or mingle? http:// thinkingardens. co.uk/articles/clump–or–mingle–by–noel–kingsbury/.

Kingsbury, Noel and Pier Oudolf. 2013. *Planting: A New Perspective*. Portland, Oregon: Timber Press.

Kühn, Norbert. 2011. *Neue Staudenverwendung*. Stuttgart (Hohenheim) : Eugen Ulmer KG.

Nassauer, Joan Iverson. 1995. Messy ecosystems, orderly frames. *Landscape Journal* 14, no. 2: 161–170.

Schwartz, Judith D. 2014. Soil as carbon storehouse: new weapon in climate fight? *Yale Environment* 360. http ://e360. yale.edu/feature/soil_as_carbon_storehouse_ new_ weapon_ in_ climate_ fight/ 2744/.

Seabrook, Charles. June 5, 2012. Tallgrass prairies extend into Georgia. *Atlanta Journal-Constitution*.

Watson, Todd W. 2005. Influence of tree size on transplant establishment and growth. *Hort Technology* 15 (I) .

Whittaker, Robert H. 1975.*Communities and Ecosystems*. 2nd ed. New York: MacMillan Publishing Co., Inc.

度量衡换算表

英寸	厘米
1/4	0.6
1/2	1.3
3/4	1.9
1	2.5
2	5.1
3	7.6
4	10
5	13
6	15
7	18
8	20
9	23
10	25
20	51
30	76
40	100
50	130
60	150
70	180
80	200
90	230
100	250

英尺	米
1	0.3
2	0.6
3	0.9
4	1.2
5	1.5
6	1.8
7	2.1
8	2.4
9	2.7
10	3
20	6
30	9
40	12
50	15
60	18
70	21
80	24
90	27
100	30

温度

$$℃ = \% \times (℉ - 32)$$

$$℉ = (\% \times ℃) + 32$$

照片与绘图来源
（页码为原书页码，见文字旁）

汤姆·波特菲尔德（Tom Porterfield），页码36，37，42，50，51，83，84，98，163，168，170，176，225，226

萨拉·普赖斯（Sarah Price），封面，页码4，26–27，40，68，83，147，174，190，222，242，257

乔纳斯·赖夫（Jonas ReiF），页码251，252

埃利奥特·罗得塞德（Elliot Rhodeside），页码12，78，80

玛丽莎·斯卡莱拉（Marisa Scalera），页码143

艾德·斯诺德格拉斯（Ed Snodgrass），页码53，74

凯文·斯塔索（Kevin Staso），页码181

艾米·斯特劳德（Amy Stroud），页码2

比尔·斯温达曼（Bill Swindaman），页码19，94，106

萨拉·汤普森（Sarah Thompson），页码24，57

伊沃·韦尔默朗（Ivo Vermeulen），页码88，140，142，146

吉姆·韦斯特（Jim West），页码271

丹尼尔·怀特（Daniel White），页码195

卡丽·怀尔斯（Carrie Wiles），页码183

亚当·伍德拉夫（Adam Woodruff），页码21，28，39，63，67，138–139，151，156，157，164–165，208–209

Flickr网站上名为"xlibber"的用户，页码147

其他照片都是作者自己拍摄的。

设计名单

关于作者

托马斯·雷纳是一名居住在弗吉尼亚州阿林顿市（Arlington，Virginia）的注册景观设计师、教师和作家。托马斯是一位充满激情的倡导者，他提倡生态表达的设计审美应是能够阐释自然，而非模仿自然的。他的植物设计着重于大部分运用原生的多年生植物与草本在地表上创造一个现代化的表达。托马斯曾设计了美国国会大厦前广场、马丁·路德·金纪念碑、纽约植物园，以及100多个遍布美国的花园景

观，这些花园的分布从北部的缅因州一直到南部的佛罗里达州。

托马斯曾在奥姆·范·斯维登事务所（Oehme，van Sweden & Associates）工作，现任罗得赛德 & 哈韦尔事务所（Rhodeside & Harwell）副总裁。他在多种项目类型的领域都富有经验，如私人住宅花园、大型地产项目、屋顶花园、植物园、公共花园、大尺度生态修复，以及国家纪念馆（national memorials）等。他的作品被多家杂志刊登，其中包括《纽约时报》（*The New York Times*）、《景观设计杂志》（*Landscape Architecture Magazine*）、《家居设计》（*Home + Design*）、《新英格兰家居设计》（*New England Home*）、《缅因家居设计》（*Maine Home+ Design*）和《希拉格》（*Hill Rag*）。

托马斯应用创新种植理念的专家，他擅长将这种理念应用于创造低投入、动态化、色彩丰富且具有生态功能的景观。他的作品主要针对转变植物设计在景观中的角色，将它们原本的装饰角色转变为能有效解决当今环境挑战这样的角色。他在乔治华盛顿大学（George Washington University）的景观设计项目中教授植物设计，并时常在东海岸关于可持续的植物设计会议上讲话。

他还常在一流的设计网站"扎根设计"（*Grounded Design*）上发表博客。

克劳迪娅·韦斯特是一名来自马里兰州白厅（White Hall，Maryland）的景观设计师、演说家和咨询师。目前，她是北溪苗圃（North Creek Nurseries）的生态部门营销经理。克劳迪娅将项目设计师、植物种植者、施工与管理专家和生态学本身联系在一起。她跟设计师和生态修复专家们一同工作，为他们提供咨询服务：从项目最开始的规划阶段到进行适应场地的植物设计阶段，再到项目完成后的适应性管理策略阶段。克劳迪娅的作品致力于实现具有良好生态环境、功能性强，以及具有良好观赏价值的植物设计，而且这样的植物设计能够经受住时间的考验。在与北溪苗圃的团队进行合作时，克劳迪娅首次开发出了基于植物群落的设计工具，并将其应用到了许多植物群落来测试评估这一种植方法，从而在美国不断丰富和发展混合植物设计这一理念。

克劳迪娅从小受到家庭中景观设计的熏陶，从小接触植物苗圃和花卉产业，这使得她学习到了关于植物繁殖与规范植物设计的原则。她曾作为沃尔夫冈·奥姆和卡罗尔·奥本海默（Carol Oppenheimer）的设计顾问，并曾工作于蓝山苗圃（Blue-mount Nurseries）、希尔瓦乡土植物苗圃（Sylva Native Nursery）和 Environs 公司。

在关于植物群落的设计与管理、绿色公共建筑的功能性植物种植、植物设计关于自然色彩理论的应用、植物繁殖的可持续实践这一类话题上，克劳迪娅是一个很受欢迎的发言者。

译后记

于我而言，本书的英文版是一个礼物，去美国交换学习的学生归国后将它送给了我。翻开它的瞬间我又萌生了翻译的冲动。巧合的是，胡尚春老师也看到了这本书，非常认可本书的内容和价值。于是我们的第二次合作自然而然地又开始了。

就像我们合作翻译的第一本书——《从艺术到景观——在园林设计中释放创造力》一样，本书也是一本获奖的专业畅销书。该书被包括宾夕法尼亚大学、加利福尼亚州大学伯克利分校在内的高水平院校作为植物类课程的参考书目。它以生态种植为核心，讲述了人工植物群落的设计理论和方法，提倡有序的、韧性的、完整的种植设计及管理维护。本书所提炼的群落设计理念和方法，既来源于原作者对自然生境植物群落的大量观察和思考，也源于欧美学者长期在植物景观设计领域的理论积淀和创新。相较于第一本书，本书涉及的内容和领域更广泛，从生态学的基础理论到种植的维护管理，犹如飞鸟跨过千山，因此也带来了翻译工作的难度和挑战。

感谢唐晓婷、姜鑫、单昳、成曦、杨悦、朱晓玥、哈虹竹、蒋雨芊、张琦瑀、寇瑞文、杨天宸、杨万祺、李元同学。在团队成员的共同努力下，本书得以完成。感谢刘慧民、尹豪、孙子文、袁嘉老师的支持，很多生僻费解的词句，都得到了他们无私的帮助。感谢出版社戚琳琳主任和张鹏伟编辑的支持和包容，漫长的翻译周期给出版工作带来了很大的压力。

本书的最终定稿完成于特殊的疫情隔离期间，每天得以专注地沉浸于书稿的世界，夜深人静漫游于书中的荒野群落，每种植物都变得更加鲜活而丰满，也更加深刻体悟到作者所倡导的方法精髓。最后，希望本书中文版的推出能够为国内植物景观的发展提供新的参考和借鉴，能够在植物生态设计的大道上提供一盏明灯。

余洋

2020 年 4 月 30 日，于哈尔滨

著作权合同登记图字：01-2020-7646 号

图书在版编目（CIP）数据

后荒野世界的植物种植：为韧性景观设计植物群落 /
（美）托马斯·雷纳，（美）克劳迪娅·韦斯特著；余洋，
胡尚春译 .—北京：中国建筑工业出版社，2021.9

书名原文：Planting in a post-wild world：
designing plant communities for resilient
landscapes

ISBN 978-7-112-26353-0

Ⅰ.①后… Ⅱ.①托…②克…③余…④胡… Ⅲ.
①园林植物—景观设计 Ⅳ.① TU986.2

中国版本图书馆 CIP 数据核字（2021）第 138599 号

责任编辑：戚琳琳　张鹏伟
责任校对：李美娜

后荒野世界的植物种植
——为韧性景观设计植物群落

[美]托马斯·雷纳　克劳迪娅·韦斯特　著

余　洋　胡尚春　译

*

中国建筑工业出版社出版、发行（北京海淀三里河路9号）

各地新华书店、建筑书店经销
北京雅盈中佳图文设计公司制版
天津图文方嘉印刷有限公司印刷

*

开本：787 毫米 × 1092 毫米　1/16　印张：15½　字数：313 千字
2021 年 9 月第一版　2021 年 9 月第一次印刷
定价：**158.00** 元
ISBN 978-7-112-26353-0
（31931）